U0172788

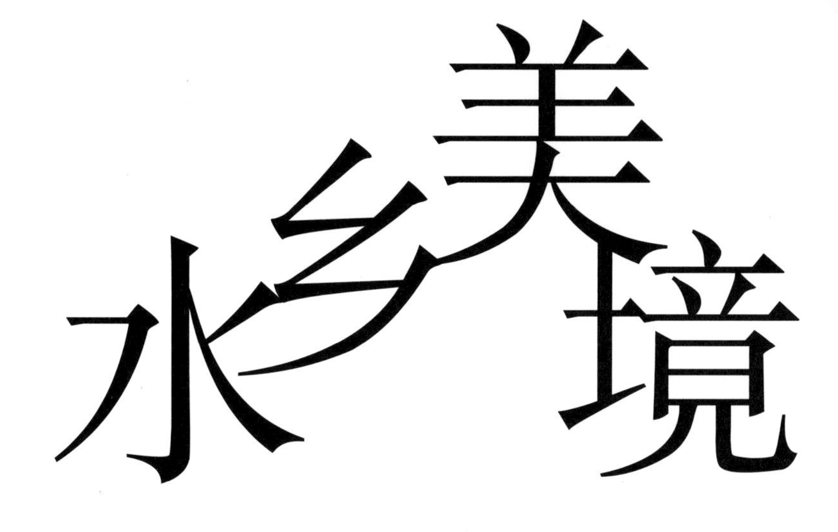

水乡美境

大美中国系列丛书

The Magnificent China Series

王贵祥　陈薇　主编

Edited by WANG Guixiang CHEN Wei

Image of Jiangnan Water Town

周俭　著

Written by ZHOU Jian

中国建筑工业出版社

中国城市出版社

『十三五』国家重点图书出版规划项目

序

古罗马建筑师维特鲁威在2000年前曾提出了著名的“建筑三原则”，即建筑应该满足“坚固、实用、美观”这三个基本要素。维特鲁威笔下的“建筑”，其实是一个具有宽泛含义的建筑学范畴，其中包括了城市、建筑与园林景观。显然，在世界经典建筑学话语体系中，美观是一个不可或缺的重要价值标准。

由中国建筑工业出版社和城市出版社策划并组织出版的这套“大美中国系列丛书”，正是从中国古代建筑史的视角，对中国古代传统建筑、城市与景观所做的一个具有审美意象的鸟瞰式综览。也就是说，这套丛书的策划者，希望跳出既往将注意力主要集中在“结构—匠作—装饰”等纯学术性的中国建筑史研究思路，从建筑学的重要原则之一，即“美观”原则出发，对中国古代建筑作一次较为系统的梳理与分析。显然，从这一角度所做的观察，或从这一具有审美视角的系列研究，同样具有某种建筑学意义上的学术性价值。

这套丛书包括的内容，恰恰是涉及了中国传统建筑之城市、建筑与园林景观等多个层面的分析与叙述。例如，其中有探索中国古代城市之美的《古都梦华》（王南）、《城市意匠》（覃力）；有分析古代建筑之美的《名山建筑》（张剑葳）、《古刹美寺》（王贵祥）；也有鉴赏园林、村落等景观之美的《园景圆境》（陈薇、顾凯）、《水乡美境》（周俭）。尽管这6本书，还不足以覆盖中国古代城市、建筑与景观的方方面面，但也堪称是一次从艺术与审美视角对中国古代建筑的全新阐释，同时，也是一个透过历史时空，从艺术风格史的角度，对中国古代建筑的发展所做的全景式叙述。

在西方建筑史上，对于建筑审美与艺术风格的关注，由来已久。因而，欧洲建筑史，在很大程度上，就是一部艺术风格演变史。所以，欧洲人往往是从风格的角度观察建筑，将建筑分为古代的希腊、罗马风格；中世纪的罗马风、哥特风格；其后又有文艺复兴风格，以及随之而来的巴洛克、洛可可和古典主义、折中主义等风格。而中国建筑史上的观察，更多集中在时代的差异与结构做法、装饰细节等的变迁上。即使是对城市变化的研究，也多是从里坊与街市变迁的角度加以分析。故而，在中国建筑史研究中，从艺术与审美角度出发展开的分析，多少显得有一点不够充分。这套丛书可以说是透过这一世界建筑史经典视角对中国古代建筑的一个新观察。

尽管古代中国人，并没有像欧洲人那样，将“美观”作为建筑学之理论意义上的一个基本原则，而将主要注意力集中在对统治者的宫室建筑之具有道德意义的“正德”、“卑宫室”等限制性概念上，但中国人却从来不乏对于建筑之美的创造性热情。例如，早在先秦时期的文献中，就记录了一段称赞居室建筑之美的文字：“晋献文子成室，晋大夫发焉。张老曰：‘美哉，轮焉！美哉，奂焉！歌于斯，哭于斯，聚国族于斯！’文子曰：‘武也，得歌于斯，哭于斯，聚国族于斯，是全要领以从先大夫于九京也！’北面再拜稽首。君子谓之善颂、善祷。”[①]其意大概是说，在晋国献文子的新居落成之时，晋国的大夫们都去致贺。致贺之人极力称赞献文子新建居室的美轮美奂。文子自己也称自己的居室，可以与人歌舞，与人哭泣，与人聚会，如此也可以看出其居室的空间之宏敞与优雅。

虽然孔子强调统治者的宫室建筑，应该遵循“卑宫室”原则，但他也对建筑之美，提出过自己的见解：“子谓卫公子荆：‘善居室。始有，曰：苟合矣。少有，曰：苟完矣。富有，曰：苟美矣。’”[②]尽管在孔子看来，建筑之美，是会受到某种经济因素的影响的，但是，在可能的条件下，追求建筑之美，却是一个理所当然的目标。

可以肯定地说，在有着数千年历史的传统中国文化中，我们的先辈在古代城市、建筑与园林景观之美的创造上，做出了无数次努力尝试，才为我们创造、传承与保存了如此秀美的城乡与山河。也就是说，具有传统意味的中国古城、名山、宫殿、寺观、园林、村落，凝聚了历代文人与工匠们，对于美的追求与探索。探索这些文化遗存中的传统之美，并将这种美，加以细心的呵护与发扬，正是传承与发扬中国优秀传统文化的必由之路。

希望这套略具探讨性质的建筑丛书，对于人们了解中国传统建筑文化中的审美理念，理解古代中国人在城市、建筑与园林方面的审美意象增加一点有益的知识，并能够在游历这些古城、古山、古寺、古园中，亲身感受到某种酣畅淋漓的大美意趣。若能达此目标，则是这套丛书之策划者、写作者与编辑者们的共同愿望。

王贵祥

2019 年 12 月 1 日

---

① [清] 吴楚材，吴调侯．古文观止・卷 3・周文．晋献文子成室（檀弓下《礼记》）．

② 论语．子路第十三．

目录

上篇

第一章 江南水乡地理环境

第一节 江南的定义与水乡环境

一、江南的定义

在中国历史上，“江南”一词虽然出现得比较早，所涉及的范畴却随着朝代的更替一变再变，直到今天仍然没有完全定论。唐太宗在贞观元年（627 年）将天下分为十道，其中长江以南、南岭以北、西至贵州、东至东海的广袤大地被划为江南道。这是“江南”首次获得官方认可的行政管辖范围。但是江南道范围过大，给管辖带来不便，因此到了唐开元年间（713—741 年），江南道便被拆分为江南东道、江南西道和黔中道。杜甫脍炙人口的诗篇《江南逢李龟年》中所指的江南，便是当时位于江南西道的长沙。

虽然唐代以后江南作为行政辖区的名称一再沿用，如北宋时的江南东路、清代的江南省，但是人们心中的江南却不是上述行政区划的概念，而是一个鲜活生动、小桥流水、杏花烟雨的江南。明清以来，江南作为一个文化心理的概念，基本等同于太湖流域的地理范围，大体可以分为以下两种：一种是明清时期的“五府一州”范围，即苏州府、松江府、常州府、嘉兴府、湖州府和太仓州；另一种则要加上杭州府和镇江府，即为“七府一州”。其中镇江位于江南丘陵及余脉上，以金山、焦山和北固山著称，以城市山林、大江风貌为城市的整体特征；杭州西部属浙西丘陵区，以天目山为主干山脉，地形起伏较大。

本书所指江南的概念，即太湖流域的范围，指江苏省、浙江省、上海市、安徽省的长江以南，钱塘江以北，天目山、茅山流域分水岭以东的区域，主要包括苏州、常州、无锡、镇江、上海、嘉兴、湖州及杭州北部。

二、地理环境演变

在远古时期，由于下沉地质条件的作用，整个江南地区为一片泽国。第三纪以来地面下沉量愈大。到了第四纪，江南地区处于沉积阶段，长江、钱塘江、太湖带来的大量泥沙经过与江、湖、海的不断冲击逐渐淤积而露出水面。长江南岸的沙嘴在 6000 年前率先露出水面，5000 年前长江南岸的沙嘴不断延伸并与钱塘江的沙嘴相结合拢，从而形成以太湖为中心的碟形洼地。泥沙的冲击使这片区域浮出水面，为人类的生息奠定了基础。由于特殊的下沉地质环境使此区域多以低洼为主，海拔基本在 10 米以下，以太湖为中心，地形呈四周高中间低状，形如一只大盘碟。①

然而由于江南地势低洼，上有长江和太湖上游来的洪水，下有海潮倒灌，加上夏秋季节台风暴雨频繁，自古以来水患频繁。先民为了抗御自然灾害，大力开挖河渠，排除积水，修圩建闸，逐步形成了河湖相通、沟渠相连的稠密水网。

江南是中国河网密度最高的地区，水面率高达 17%，河道和湖泊各占一半，河道密度达 3.2 千米 / 平方千米，纵横交错，湖泊星罗棋布，被誉为“水乡泽国”。除了 9 处面积大于 10 平方千米的湖泊，如太湖（图 1–1）、滆湖、阳澄湖、洮湖、淀山湖、澄湖、昆承湖、元荡、独墅湖，还分布着许多小型湖泊，被称为荡、漾、兜、潭、盂、圩、淀等，形象而贴切。河流的命名则有“纵浦横塘”之说，南北向的称为浦，东西向的称为塘。流入江河湖海的称为港，内部的细流则称为泾、浜、溇，这些小河往往又盛产水生植物，便因此得名，如菱泾、茭白浜、荷花溇等，亲切自然而富有江南韵味。②

① 江苏省水利史志编纂委员会等. 太湖水利史论文集[G]. 1986.

② 《太湖志》编纂委员会. 太湖志[M]. 北京：中国水利水电出版社，2018.

图1–1　无锡太湖

第二节　江南水乡历史沿革变迁

一、史前时期

考古发现表明，江南地区早在几十万年前就有古人类在此活动。当时江南以沼泽为主，其中分布有山陵、土墩、林木，水草茂盛，适于远古人类生息。

到了新石器时代，公元前5000年左右，江南地区发展出了马家浜文化。马家浜文化主要分布在太湖地区，南达浙江的钱塘江北岸，西北到江苏常州一带。马家浜文化延续了河姆渡文化的稻作农业，遍种籼、粳两种稻。渔猎经济也占重要地位。

公元前4000年左右发展为崧泽文化，从事以稻作为主的农业生产，采集和渔猎经济仍占有比较重要的地位，手工业生产较马家浜文化时期有很大程度的提高，尤其在制陶业方面有了长足的进步。

承接崧泽文化的是新石器时代晚期的良渚文化，该文化遗址的最大特点是所出土的玉器。同时农业已率先进入犁耕稻作时代，从考古挖掘的情况来看，良渚文化可能已经出现了国内最早的灌溉农业（图 1–2）。

图1–2　上海广富林遗址博物馆

二、先秦至隋唐时期

先秦时期，江南大地上分布着扬越、于越的部落。夏朝时，江南隶属九州中的扬州；商朝时，周太王的儿子泰伯和仲雍带着亲族来到苏南地区的无锡、常熟一带。泰伯、仲雍“断发文身”，接受当地习俗，主动融入当地社会，并把中原先进的农耕技术带到当地，于是上千小部族自愿归附于泰伯，建立勾吴王国。吴国作为东周的诸侯国一直延续到公元前 496 年被越王勾践所灭。战国时期越国又被楚国所灭。

秦统一天下后，江南划入会稽郡，沿用至西汉。东汉时期会稽郡被拆分，划入吴郡，依然隶属于扬州。东汉末年三国分立，江南属于东吴。

到了两晋时期，对江南影响最大的便是西汉末年的永嘉之乱，导致晋朝统治集团南迁，定都建康（今南京）建立东晋，史称“衣冠南渡”，这是中国历史上第一次比较重大的人口南移事件。

唐贞观元年（627 年）将天下分为十道，江南被划为江南道；到了开元二十一年（733 年），江南道便被拆分，江南地区被划入江南东道。唐代中期，江南东道再次被细分为四个区，江南被划入浙西地区（图 1–3）。天宝十四年（755 年）安史之乱爆发后，唐朝进入战乱和藩镇割据时代，以及之后更为混乱的五代十国时期。中原士庶避乱南徙，被称为第二次“衣冠南渡”。

图1–3　韩熙载夜宴图

三、宋元时期

宋朝改道为路，江南地区被纳入。靖康之变（1127 年）后，北宋灭亡，赵构在杭州建立南宋，导致中原汉族大量向南方迁移，开始了中国历史上第三次“衣冠南渡”。自此，江南地区作为南宋的统治中心区域，取代中原成为新的经济中心（图 1-4）。元至元二十一年（1284 年），江南归属为江浙行省。元末，张士诚等割据于此。

图1-4　水殿招凉图

四、明清时期

明朝洪武年间，江南一部分属于直隶地区，永乐十九年（1421年）迁都后，改称南直隶，另一部分属于浙江省。

清朝初年，改设江南省。康熙六年（1667年），分江南省为江苏（含今上海）、安徽二省，其中苏州府、松江府、常州府、太仓州属于江苏省。湖州府、嘉兴府沿袭明制，属于浙江省。

五、民国以来

民国16年（1927年），从江苏省析出上海县、宝山县设立上海特别市，分出江苏省，直隶于国民政府行政院，称院辖市。江苏省的体制一直延续到民国后期。1949年6月，江苏全境解放，苏州、松江、常州、太仓被划入省级行政区苏南行署区，1953年1月苏南行署区与苏北、南京市这两个省级行政区合并，恢复江苏省建制。湖州、嘉兴一直属于浙江省。

第三节 水乡市镇的兴起与繁荣

镇的设置源于官府加强控制百姓的军事据点，然而北宋之后，镇的形制逐渐向农村经济中心转变，在南宋时期开始承担中心市场的功能，不仅商品流通规模大、辐射范围广，而且与城市市场和外地市场联系紧密。[①]

一、市镇的兴起

早在宋代以前，江南地区就以农村集市作为相邻村落之间互通有无的交易场所。

① 任放．中国市镇的历史研究与方法[M]．北京：商务印书馆，2010.

一开始农村集市只是零散、孤立而且数量有限的封闭性市场活动，但是随着农村商品生产的发展和商品经济的活跃，草市逐渐兴盛起来。到了南宋时期，农村市场发展迅速，开始形成较为完整的区域体系。农民零散的交易活动被纳入商品流通网络，相当于发挥了初级市场的作用。市场的形态也逐步走向成熟，由临时性的村落交易点发展成稳定的常设市。在此基础上，基于所在地区农产品的特点，还发展出各具特色的主题市场，例如米市、水产品市场、药材市场等，从侧面反映出市场水平的提高。后期草市突破了地域的限制，成为地方性、区域性市场体系的有机组成部分。如平江府沿海地区的草市相互结合，形成了太湖流域北部的海外贸易流通体系，并与浙东、粤、闽等沿海地区建立了紧密联系。上述集市发展到一定规模，便上升成为正式建制的市镇，像同里镇、黎里镇、周庄镇等大批市镇，有些名称中便保留了从村市演变而来的痕迹。

除了乡村集市以外，交通也是促成新市镇诞生的重要因素。交通中转、补给站如青龙、乍浦等港口，往往因为过往客商在此居留、补充物资而形成市镇；在水陆交会之处，也会因为便于车马舟船汇聚而发展成市镇；另外江南水乡出于防洪灌溉的需要而修筑的闸堰，如戚墅堰、奔牛等，形成了交通阻碍点，货物因此滞留而形成市镇。

图1-5　甪直保圣寺

此外有些市镇因为特殊职能而诞生，如盐场所在的大场、新场、下沙等，因军事地位兴起的金山、川沙等，因渔业兴起的胡巷、崇阙，因冶金兴起的屯村等。[①]江南水乡的民间信仰和祭祀活动较为普遍，寺庙所在地往往会定期举办庙会或设集市。在此基础上形成的市镇便以寺为名，如南翔镇、七宝镇、龙华镇等。苏州甪直镇更是因保圣寺而兴，保圣寺是江南著名古刹（图 1-5），始建于梁天监二年（公元 503 年）。梁武帝笃信佛教，大兴寺庙，保圣寺即是“南朝四百八十寺”之一，寺内塑壁罗汉相传是唐代塑圣杨惠之的作品。

二、市镇的繁荣

明清时期，商品经济迅速发展，城镇的经济职能逐步强化，商业市镇日渐繁华。江南市镇数量的增长十分迅猛，从江宁（南京）到苏州，越靠近太湖，市镇密度越大，人口越稠密，市镇越繁华。由于市镇人口的集聚增加，产生了许多万户左右的巨大市镇，其规模大于县城而与州府级城市相当。如由乌镇与青镇合并而成的乌镇，镇域跨越湖州和嘉兴二府，具有“府城气象”；在南浔镇则有“湖州整个城，不如南浔半个镇”的谚语。[②]

专业市镇的出现标志着江南地区商品经济的成熟，一镇专业化的经济作物种植和贸易比例过半，方可称之为专业市镇。在当时赋税制度的压力下，江南农民开始大量种植经济作物，促进农产品的商业化和家庭手工业的专业化，出现了专业市场。随着专业市镇内专业市场影响力的扩大，商品的流通也更加广阔，提升了农民的经济收益，带来了农村经济的繁荣。[③]

江南地区的市场发育程度较高，涌现出大量商品市场，包括劳动力市场、货币市场等，兴旺发达。在市场层级上，江南大中小市场齐全，层次分明。大至全国性中心市场，小至乡村市场，一应俱全，在特殊的节日还设有庙会与集市。

苏州作为江南地区的中心城市，是当时全国最著名的工商城市，从明代后期起取代南京发展成为全国性中心市场。苏州盛产丝绸、布匹、书籍、各种日用品和工艺

---

① 陆希刚．明清江南城镇：基于空间观点的整体研究[D]．上海：同济大学，2006.

② 樊树志．明清江南市镇探微[M]．上海：复旦大学出版社，1990.

③ 刘石吉．明清时代江南市镇研究[M]．北京：中国社会科学出版社，1987.

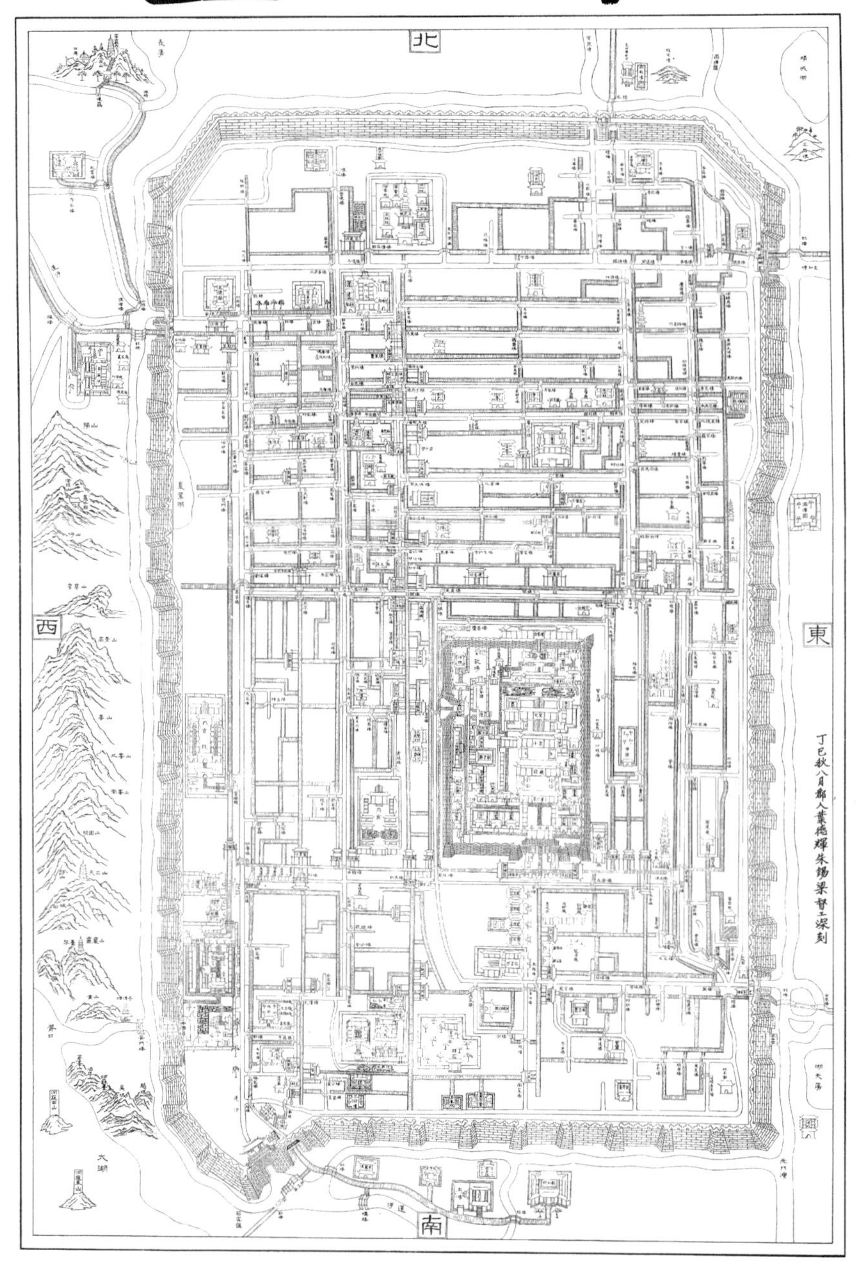

图1-6 宋《平江图》

品，输向全国甚至海外，又从全国各地输入各种手工业原料、居民食粮和工业用粮，担负着转输全国各地商品的职能，与海外市场也有着频繁广泛的联系（图 1–6）。

区域性中心市场，集中了较多的工商人户，各种商业设施较为齐全，商业活动繁盛，并在其周围形成了大小市场的区域中心。代表城市有杭州、南京、镇江以及清中期后的上海、无锡。

地方性专业市场，汇集几种专业性商业活动，专业的商业设施较为齐全。它们通常有一项主导的商品类型，如棉纺织业市镇朱泾镇、枫泾镇，丝织业市镇震泽镇（图 1–7）、盛泽镇，陶业市镇蜀山镇，出产丝绸的湖州，出产棉布的上海，等等。这类市场中聚集了较多的外地批发商，并相应设有为之进行商业服务的各种行铺、工商业会馆、劳动力市场等。

除了上述各个层次的大小市场外，还有江南由迎神赛会而形成的庙会市场（图 1–8），其中最著名的便是杭州的香市。香市上售卖的商品五花八门、应有尽有，甚至包括历朝的珍贵古董与海外的奇珍异宝，同时香市上还有歌舞表演卖艺等文化艺术活动。江南各地名目繁多的大小庙会和集市的存在使得江南市场的形式更为多样，贸易方式更多姿多彩，市场机制也更加完善。

图1–7　丝织重镇，震泽镇

图1-8　清《盛世滋生图》中木渎古镇庙会活动

第一节　人口土地和赋税

一、人口

（一）户籍制度

我国古代的户籍制度起源于商，形成于西周，经后世不断发展完善。古代的户籍制度是国家征派赋役的保证，所以统治者编制了严密的户籍法网，将百姓紧紧地束缚在特定区域和特定职业上，以此达到严格控制流民数量和规模的目的。百姓没有迁徙的自由，如果没有获得官方许可而任意出行，将会受到相应的处罚。

宋代使用丁籍制度，顾名思义，就是根据每户人家的“丁”数来统计户口的制度。在当时，丁是指年满二十、不到六十的成年男子。这样来统计户口，总体的数量当然和事实情况存在不小的出入，但这是当时使用时间最长，也是最重要的户籍统计制度。宋代的百姓出行时，需携带“公凭”以供查验，方能通关放行。

明代为了准确掌握全国户籍情况，合理征派赋役，恢复发展经济，加强对地方的管理，稳定社会秩序，实施了黄册制度。在全国范围内进行人口普查，根据职业分为民、军、匠三类造册登记。以户为单位，每户详列乡贯、姓名、年龄、丁口、田宅、资产等，逐一登记在册，这些数据每十年就需要更新一次。同时，明朝严格规定路引制度，允许农民在百里之内自由通行，但超出百里范围必须检验路引。为了进一步钳制农民，明代里甲制明确规定务农者的活动范围不超过一里，遇到外来的流民要送官，再押回原籍，以加强对百姓迁徙的控制。[①]

清代也是按照“丁”统计户口。清代中叶开始使用摊丁入亩制度，取消了中国持续千年的人头税，按照田产征收。家庭人口多的话，不但不会因此增加相应的赋役负担，反而还可以创造更多的劳动价值，导致了少报、漏报人口现象的消失和人口的迅速膨胀。在人口迁徙方面，清承袭明制，使百姓成为土地的附属物，行为活动被严格限定在有限的范围内，导致传统小农经济社会的闭塞，严重影响了社会经济的进一步发展。[②]

（二）人口变化

由于严格的户籍制度，和中国大多数区域一样，江南地区在封建统治稳固、社会安定的时期，人口以自然增长为主。但是当政权更替、连年战乱的时候，北方百姓为躲避战乱不得不离乡逃难，纷纷南下。同时，官府也自顾不暇，无力维持原有的户籍控制，因而产生了大规模的人口迁移。

早在东汉末年，中原大乱，黄河流域成为战场，人口四处逃散，扬州、杭州一带成为人口的主要流向。到了晋永嘉五年（311 年），匈奴攻陷洛阳，掳走怀帝，残杀王公百姓 3 万余人。晋元帝率中原汉族臣民从京师洛阳南渡，建立了东晋王朝，定都建康（今南京）。这一过程便被称为“永嘉之乱”，北方由此陷入五胡乱华的状态，大量游牧民族挥戈南下，掀起古代第一次大规模的移民浪潮，多达 90 万汉族居民从黄河流域迁到长江以南，其中迁往苏南、浙北的人口有 30 余万。

跟随晋元帝南渡建国的，除了以皇室族裔、门阀世家和缙绅官吏为主体的上层社会，即“衣冠”士族，还有大量的下层流民，如商人、工匠、僧尼、农民等。他们的到来使当时尚未得到充分开发的江南地区获得了充足的劳动力，加上先进的农业生产工具的使用和北方农作物的推广，兴修水利，开荒种田，导致了江南的初步开发；带来的先进技术及资金，促进了江南地区冶铁、造纸、纺织、制瓷等技术得到进一步发展，为江南地区逐渐取代中原成为全国经济中心打下了基础。中原文化与本土的吴越文化融合后，格局渐大，品位渐高，生成了新型的江南文化。[③]

---

① 杨莉莉. 中国古代土地制度沿革和赋税制度[J]. 西部资源，2004（3）：46.

② 戚阳阳. 中国古代户籍制度束缚下的人口流动[J]. 哈尔滨师范大学社会科学学报，2015（2）：129-131.

③ 张少云. 中国古代人口迁移类型述评[J]. 云南教育学院学报，1997，13（6）：86-91.

（三）人口分布

明清时期，江南商品经济的发展促进了当地商品市场的繁荣。在各个社会阶层中，从事农业和手工业生产的农民主要生活在由市镇及其周边村落组成的基层经济圈内，并以村落为主要居住地。士绅的居住地则遍及村庄至城镇的各个层次，并随着社会的发展逐渐向县城和市镇迁移。商人阶层则居住于以商业都会、中心城市为主的高等级城镇中，其经济活动的触角偶尔会延伸至著名产品产地的市镇。城市手工业者则明显呈以富商和国家政权集中的高等级城镇为主要居住地，并在少数著名产品产地呈独立的点状分布，呈现与富商阶层分布的高度一致性。其余城镇平民分布在市镇至商业都会的各级城镇中，为从事商品流转的辅助活动和城镇的生活服务活动。商业和为城镇本身服务的工商服务业成为我国古代城镇最典型的经济活动。

二、土地

由于东汉末年以来人口不断南迁，到了明代以前江南就已是全国人口最稠密的地区。自明末以来，直至清代太平天国前夕，江南社会长期安定，人口数量一直稳步上升，同时人口压力和土地紧缺的问题也开始显现，因此开始围湖造田。到了宋代江南地区的可耕土地几乎开发殆尽，大量的围垦虽然增加了耕地，但是破坏了原有的生态系统，水面缩小，河道淤积，蓄洪能力下降，洪涝灾害增多，农作物的收成反而有所下降，渔业的发展也受到阻碍。据万历《大明会典》卷十五中苏、松、常、镇、宁五府和康熙《浙江通志》卷十七中杭、嘉、湖三府的清丈数字，江南地区农田总数大约为4500万亩。由于耕地无法扩张而人口继续增长，江南农民的经营规模就一直在缩减，到了清代形成了“人耕十亩”这一江南农民经营规模的标准模式，而苏、松、嘉三府用地更为紧张[①]。

在近代农业兴起以前，挖掘土地潜力的主要方式是强化精耕细作，提高单位面积收益。但劳动技能的熟练和改进使生产率得到提高，将大量农业劳动力从固定数额的土地上排挤出去。江南农产之利全在水田，因此江南人民千方百计地提高稻作集约化程度，如推广双季稻、稻麦连作、棉豆间作等，发展了多元性的农业结构。由于中国

① 李伯重．“人耕十亩”与明清江南农民的经营规模：明清江南农业经济发展特点探讨之五[J]．中国农史，1996（1）：1–14.

小农经济以农业和家庭手工业结合为特征，提供手工业原料的经济作物得以迅速推广，当然也与经济作物的收益高于粮食作物有关。集约化耕作需要一定的农业投资，又往往需现金支付，而清代江南农家耕种十亩田还要雇工，更需相当数额的资金，所以不得不依赖家庭手工业收入来补充。与生产经营的多样化相适应，专业化亦有所提高。个体小生产者基于生产条件的差异和个人技能的专长，或专门从事粮食生产，或专门种植经济作物（种棉、植桑等），还有的离开土地后专职从事丝、棉等家庭手工生产。由于人口依然大量过剩，众多无地或少地以及土地瘠薄的人弃农从商，或兼事货殖作为副业。

实际上，明清江南人口的绝大多数仍然依附在土地上，即便那些游离出来的工商业者，也与土地保持着若即若离的关系，割不断与土地联系的脐带。个体农户的多种经营还是以种植粮食作物的农耕生产为主体，尤其在肥沃的水田地区，主要种植稻作，兼种棉、桑等经济作物（图 2-1），粮食基本自给自足或半自足。少数以种植经济作物为主的农家，口粮也多取自本地，交换行为基本在市镇这类地方小市场完成。

图2-1　水乡桑园，震泽镇

除了耕地总量上的不足，土地兼并导致大量耕地集中于官府、地主名下，而普通农民所能拥有的土地更加少得可怜。同时江南还存在着大量的官田，苏州府是宋元以来江南官田最多的地方。官田的类型极为复杂，包括旧额官田、抄没官田、皇庄以及贵族强占的民田等。无怪乎清初“三大儒”之一的顾炎武也为之感慨，江南一带自己有土地的农民只有十分之一，其他十分之九的农民都要雇佣地主的土地耕作，沦为雇农。①

三、赋税

（一）赋税制度

两税法自从唐代中期宰相杨炎提出之后，一直沿用至明代前期。夏季所征称夏税，秋季所征称秋粮，一般纳税以实物为主，除了米、麦等之外，还可以是钱、钞、金、银等折纳。

直到明代张居正改革开始推行“一条鞭法”，将各项复杂的田赋附征和各种性质的徭役一律合并征银，徭役银不用户丁分派，而由地亩承担，即“摊丁入亩”。“一条鞭法”是我国赋役制度史上的重大改革。这一做法不但简化了赋役的征收手续，而且徭役征银的办法使农民对封建国家人身依附关系有所松弛，为城镇手工业提供了较多的劳动力，赋税征银还对货币地租的产生和部分农作物的商品化起了一定的促进作用。

清雍正元年至七年（1723—1729年）全国推行“摊丁入地”，将原来的人丁税并入土地税。从此，田赋一般称为地丁钱粮。摊丁入地结束了长期以来地、户、丁与赋役制度的混乱现象，完成了赋税合并即人头税归入财产税的过程，是我国赋税制度的一个进步。对国家来说，由于征税的对象是土地，因而不再顾虑人口逃亡的问题。对广大农民来说，减少了一些额外负担，对当时的社会经济，特别是对资本主义的萌芽，有一定的积极作用。同时，摊丁入地的纳税方式有利于多人口的家庭，不但不会因此增加相应的赋役负担，反而还可以创造出更多的劳动价值，等于变相鼓励生育。因此清代的人口不断刷新历史纪录，由清初的1亿人到清末时已经突破了4亿人。

（二）江南赋税

早在唐代，韩愈便评论过江南的赋税问题：“赋出天下，而江南居十九。”当然

---

① 顾炎武. 日知录（第三辑）[M]. 上海：上海古籍出版社，2012.

这里的江南并不仅是我们今天所谓的“江南”。然而到了明代中叶，经济思想家丘濬在他的书中又一次提到了江南的赋税：“韩愈谓，以今观之，浙东、西又居江南十九，而苏、松、常、嘉、湖五府又居两浙十九也。”这个江南才是我们今天所谓的“江南”。明代博物学家谢肇淛对这一观点也表示认可：“三吴赋役之重甲于天下，一县可敌江北一大郡。”[①]

江南赋税繁重的原因被认为是明太祖统一天下时，江南一带多依附于张士诚，不肯归顺，而对其多有迁怒。因此将土豪富绅的土地籍没入官，在宋元官田的基础上又新增了大量官田。而大臣杨宪又认为江南土地肥沃、物产丰富，又加重了赋税。于是形成了苏州最重，松、嘉、湖次之，常、杭又次之的局面。[②]明成祖以后江南的重赋问题开始表现出来，其中最为突出的问题便是无法完赋。一旦遇到天灾人祸，百姓便不堪重负。到宣德初年，仅苏州一府拖欠的税粮就多达八百万石，相当于全国正常岁入的三分之一，实际上已经造成国家财政的困难。在赋税的重压下，江南百姓没有坐以待毙，凭借着优越的自然条件、经营习惯、生产技术，以及江南重视生产的氛围，为自己闯荡出一片新的天地，从而带来了江南经济、文化的新格局。[③]

第二节　农业生产的分区

江南地区以太湖为中心，地形四周高中间低。具体而言，可分为两个地带：一是常州府北部、太仓州、松江府东部和嘉兴府东部的沿海沿江高田地带，二是常州府南部、苏州府大部分、嘉兴府西部和湖州府东部的太湖周边低田地带。高田地带以砂质壤土为主，透水性清，微碱性；低田地带以壤质黏土为主，排灌均宜，但是南部湖网圩田地区质地黏重，排水不良，这就导致了高田容易干旱，低田容易积水，直接影响了种植农作物的选择。

元代以后，由于水文条件变化，高田低田的差异进一步扩大。吴淞江和娄江先后

① [明]谢肇淛. 五杂俎：卷三 [M]. 北京：中华书局，1959.

② [清]张廷玉，等. 明史：食货志 [M]. 北京：中华书局，1974.

③ 郑克晟. 明代重赋出于政治原因说[J]. 南开学报：哲学社会科学版，2001（6）：64-72.

淤积，导致长江的淡潮无法沿着大小通江通海的河川倒灌入内地，灌溉用水遂成为严重问题。于是沿岸的常州、太仓和松江东部都必须依赖于人工灌溉。而与此同时，随着“黄浦夺淞”，黄浦江潮汐地域扩大，对沿线嘉兴、嘉善、平湖等地的农田供水，起到了积极的作用。[①]

到了明清时期，一方面是人口稳定增长，另一方面是可供开垦的土地越来越少，因此，聪明的江南农民便想到，不同的农作物对水土条件要求也不同，既然高田种水稻事倍功半，那么种些耐旱的农作物又会如何？棉花在宋元时期从中亚传入中国腹地，源自我国自产的桑树也是较适应江南土地光热条件的理想作物。在这三大农作物中，水稻喜湿，生长期所需水量最多，土壤以中性壤土为宜；棉花耐旱并有一定的抗盐碱能力，土壤则以中壤土、轻壤土和砂壤土为最佳；桑树需要的水分与肥料都很多，并要求有机质丰富、保肥力强的中性粘壤和壤土。这样在供水相对困难的沿海沿江高田地，以及太湖南部排水不畅的黏土区域倒是很适合种植棉与桑。[②]

于是江南地区改变了宋元时期水稻种植占压倒优势的局面，逐渐形成了三个相对集中的作物分布区：沿海沿江以棉为主或棉稻并重的棉稻产区，太湖南部以桑为主或桑稻并重的桑稻产区，太湖北部以稻为主的水稻产区。棉稻产区主要包括常州北部沿江、钱塘滨江沙地以及之间的区域。桑稻产区基本上是“北不逾淞，南不逾浙，西不逾湖，东不至海”，[③]剩余地区则是水稻产区。

很明显，这三个作物区的范围，与江南的自然条件分区基本相符，同时这三大作物区都不是单一作物区。即使在太湖南部低田地带的桑稻产区，水稻仍然是播种面积最大的作物。事实证明，这种复合的专业化生产是合理利用江南平原自然资源的最佳方式，标志着农业资源的合理利用程度已达到很高的水平。

具体到每亩地的种植收益，每亩地种棉的收益和种稻的收益大致相当或略高，但是种棉不需要灌溉，很节约人力，一个农户种棉面积可数倍于种稻，因而户产值将大大高于种稻。两相比较，种棉的经济效益远比种稻高。不管按照人均收益还是每亩收益计算，种桑的收益都几乎是种稻的四倍，利润十分可观。更值得一提的是，江南地区的农民在生产劳作中发明了“桑基鱼塘”这一世界上最早的生态农业模式，并在长

---

① 孙景超．潮汐灌溉与江南的水利生态（10—15世纪）[J]．中国历史地理论丛．2009（2）：43-52.

② 冯贤亮．太湖平原的环境刻画与城乡变迁：1368—1912［M］．上海：上海人民出版社，2008.

③ [明]唐甄．潜书[M]．北京：中华书局，2009.

江三角洲地区迅速发展，进一步巩固了江南“鱼米之乡”的地位。

“桑基鱼塘”的模式可以分解为“塘基种桑、桑叶喂蚕、蚕沙养鱼、鱼粪肥塘、塘泥壅桑”这几个部分，具体而言便是将鱼塘肥厚的淤泥挖运到四周塘基上作为桑树肥料，由于塘基有一定的坡度，桑地土壤中多余的营养元素随着雨水冲刷又流入鱼塘，养蚕过程中的蚕蛹和蚕沙作为鱼饲料和肥料，生态系统中的多余营养物质和废弃物周而复始地在系统内循环利用。[①]

在赋税的重压下，江南人民形成了以一种或两种作物为主导、几种作物并重的专业化种植模式，通过自然资源合理利用程度与农业生产集约程度的提高，江南达到了农业社会中的生产顶峰。

第三节　资本主义的萌芽

一、资本主义萌芽

明清时期江南商贸盛行，手工业发达，无论是苏州这样的中心城市，还是盛泽、南浔、乌镇这样经济规模不差县城的巨镇，还包括无数的农村家庭，都有着面向市场的手工业生产，其生产出来的商品如棉布、丝绸、生活各类器物等都畅销海内外，可以说资本主义萌芽此时已经在江南地区出现。[②]

明代之前，江南农家大多以织助耕，表现为男子下田耕作，女子纺织；农忙参与大田劳作，农闲从事棉纺织生产。然而到了明代后期，随着棉稻产区木棉的专业化生产以及充分商品化，耕织两业也逐渐分离。随着专业化与分工的发展，部分地区纺业与织业也开始分离，产棉、纺纱、织布各户分工完成，农家对商人及商业资本的依赖很大。由于江南棉布行销天下，甚至远至海外，有着“衣被天下”的美誉，即便本地棉花产量不足，可以从华北以及长江中游各省输入原料，使专业性市场所辐射的地域不断扩展。

---

① 江苏省地方志编纂委员会. 江苏省志第20卷：蚕桑丝绸志［M］. 南京：江苏古籍出版社，1999.

② 潘志春. 简论十七八世纪江南经济发展模式[J]. 决策与信息旬刊，2011，3：116.

明清以来，棉纺织这类的乡村手工业不但加速了传统农业经济商品化，而且促进了原有乡村市镇的繁荣。有些市镇因经营棉花、棉布交易和加工而闻名，成为重要的集散地。每当棉花上市的季节，镇上牙行忙于收购四镇八乡的棉花、棉纱和棉布，再将其贩卖给过往的晋商、徽商等外地客商。外地客商不愿牙行单独操纵控制市场，到清代逐步自己开设布庄，买布的同时附设染坊，对棉布进行深加工，控制了棉布的收购、加工和贩运各个环节。与此同时，这些市镇中的机户与邻近乡村中的农户，逐渐形成了棉纺织业中新的生产关系，从家庭手工业转变为作坊的工业生产，从手工业者转变为没有生产工具的雇佣劳动者。

类似的商品经济活动和雇佣关系在桑稻产区也几乎同步出现。桑基鱼塘这一高效生态农业的典范模式（图 2–2），不但提高了单位面积土地的收益，也为剩余的劳动

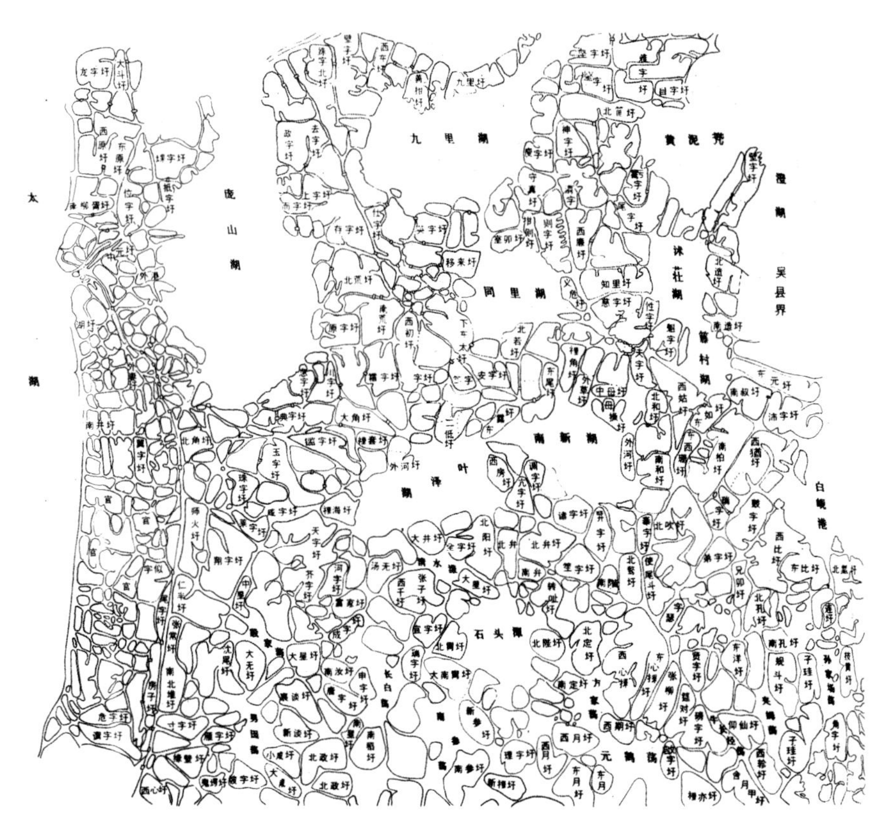

图2–2　苏州吴江地区鱼鳞圩示意图

力提供了出口。[1]明代以来蚕桑丝织业的品种、产量和从业人员日渐增长，丝织取代耕作，成为家庭经济的主要来源，不但家庭成员参与养蚕丝织，富裕农家还雇佣机工，导致农业经济的商业化程度进一步提高。与经营棉业的家庭一样，经营丝业的农家也不可避免地受到商业资本、高利贷资本的层层控制。从桑叶的采摘季节开始，市场上便出现叶市，自己栽桑不足或者过剩的农家，都需要通过叶市交易才能调节。养蚕时缺乏资金的农家，只能先行赊欠、借贷，待到收茧后才能偿还。等新丝生产出来，农家的生丝基本都作为商品投入了市场，换取必需的生活物资，而不会留作已用。丝行便抓住这一点，在新丝上市时压低市价，然后再加价出售。桑叶行、丝行、绸行等牙行作为农户和客商之间的中介，左右着丝绸的交易，垄断了专业市场，对城镇的繁荣起着举足轻重的作用。[2]同时，外地客商凭借其雄厚的资本，也从行商成为坐贾，参与工商业经营，设立了长期性的商务公共机构，即会馆和公所等（图 2-3）。以清代苏州为例，曾有 48 所会馆、142 个公所、59 家钱庄票号，证明外地商人云集苏州，从事商业活动，极大促进了商业繁荣。[3]

清代政府在江南的江宁、苏州、杭州分别设立织造局，从事官方的丝织业经营。其规模类似手工工厂，房屋数百间，织机数千张，雇佣工人数千。同时随着清末通商口岸对外贸易的刺激，海外市场对于中国丝货需求的不断增长，刺激江南地区的蚕桑业发展，使得江南各地迅速商业化。对丝绸品质的追求也与日俱增，工艺简单的家庭手工业已经无法满足，因而以雇佣劳动为特征的手工作坊如机坊、染坊也大量涌现。盛泽一带的富裕机户“雇人织挽”，[4]形成机户出资、机工出力的雇佣关系，从而诞生了拥有若干织机、规模不等的工场，标志着资本主义雇佣关系的形成。生产下游的炼坊、染坊、踹坊、轴坊也随之雇佣大批劳动力。仅震泽一镇，鼎盛时有数千人受雇于以上工坊，约有织机 8000 台，半数人家以此为生（图 2-4）。

鸦片战争以后，洋纱洋布的倾销和机器织布机的兴起导致农家手工纺织业开始凋敝，棉业市镇也从昔日的繁华商业中心逐步衰落为一般市镇。19 世纪二三十年代，由于人造丝的倾销、养蚕织丝技术的落后，丝织业也步棉纺织业的后尘开始走向衰退。

---

① 《吴江县水利志》编纂委员会. 吴江县水利志[M]. 南京：河海大学出版社，1996.

② 《浙江省蚕桑志》编纂委员会. 浙江省蚕桑志[M]. 杭州：浙江大学出版社，2004：60-69.

③ 范金民. 明清江南商业的发展[M]. 南京：南京大学出版社，1998.

④ 乾隆吴江县志：中国地方志集成江苏府县志辑（第20册）[M]. 南京：江苏古籍出版社，1991.

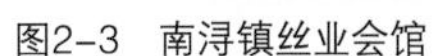

图2-3　南浔镇丝业会馆

图2-4　传统织机

传承自宋元以来的纺织业，让江南成为中国传统经济最发达的地区。江南凭借着包括长江、大运河在内的强大交通水网、有利区位以及当地发达的农业和手工业成为商品集散地和初级产品加工中心。江南在这一时期甚至已经从最大的粮食输出地区转变为粮食输入地区，成为以经济为导向的区域，不但承担着官府的沉重赋税，而且解决了江南地区剩余的劳动力，催生了新型的雇佣劳动，吸收了国内外大量资金，导致专业性商业市镇兴起，萌发了原始的资本主义关系。

二、新行业的诞生

明清时期，随着丝织业及棉布加工业的发展，以苏州为代表的江南城市已不仅仅是政治城市，而更多的发展成为商业城市，并逐渐变化成为工业城市。到了清代中期，仅丝织业一个部门，就成为江南府城的经济支柱。明清中国各地区中，城乡工业最发达之地，非江南莫属。苏州作为江南的经济中心以及城镇网络核心，各种新的行业在此蓬勃发展起来。[①]

轻工业在这一时期的江南经济中占据着主要地位，主要分为三类：其一为纺织业，

① 廖志豪，程德．清代的苏州城市经济[J]．铁道师院学报（社会科学版），1995，4：19-22.

其中以棉纺织业尤为突出；其二为食品业，以谷物加工业和榨油业为重点；其三为其他，包括服装制造业、日用品制造业、烟草加工业、造纸业和印刷业及玉石器加工业。重工业也可分为两大类：一是工具制造业与建材行业，二是造船业。

轻工业中，纺织业最为重要，其中又以棉纺织业尤为突出。明清时期江南地区的棉纺织业得到迅速发展，主要分布在广袤的农村地区，与农业紧密结合，成为农民的家庭手工业。

苏州的食品行业主要以谷物加工业、酿酒业、制曲业、榨油业为重点。伴随着清代中前期江南工商业繁荣与人口激增，从外埠输入的谷物量也剧增，带来谷物加工业的兴起。由于江南人民的主食为稻米，明清苏州府城及郊区市镇居民所食稻米，基本都在本地碾坊脱粒，因此碾米业也是苏州一项重要的城市工业。

苏州的酿酒业唐宋时就比较有名，清代后更呈现出前所未有的兴旺景象，苏州的酿酒业主要集中在城郊的市镇，横泾镇的酿酒业出现了专业雇工，而另一个酿酒中心木渎镇，在乾隆时全镇“烧锅者有二千余家”[1]。明清时期苏州的油坊，主要集中在郊区市镇，如甫里、周庄、陈墓等处（图 2-5）。

图2-5　酿酒作坊

轻工业还包括服装制造业、日用百货制造业、烟草加工业、造纸业、印刷业和玉石器加工业。服装制造业中，苏州的“益美号”布号每年销售20万匹布，一半在本地加工为服装，可见规模之大。造纸业与印刷业中，以民间私人商业化印刷业较为普遍，清康熙十年（1671年）苏州书坊业成立同业公所崇德书院。苏州的草编业主要集中在虎丘、浒墅关、甫里等镇。江南的玉石器加工业自明代起非常著名，入清后苏州成为全国首屈一指的琢玉中心。

明清苏州的重工业主要由工具制造业、建材业和造船业组成。陆墓镇的陶器生产和建材业十分发达，形成专业化生产。造船业以建造漕船为主，分布在太湖周围乡镇。[②]

---

① 本社清高宗实录：清实录（第10册）[M]. 北京：中华书局，1985.

② 曹允源，李根源.民国吴县志：中国地方志集成江苏府县志辑（第11册）[M]. 南京：江苏古籍出版社，1991.

第一节 社会阶层

士农工商，是古代四种民众的总称，古代所谓四民，指做官的士大夫、从农的农民、百工的工匠、经商的商人。[①]

一、地主士绅

地主士绅是明清江南社会中的重要支配力量，地主和士绅是两个高度关联又有区别的社会阶层，前者指拥有出佃土地的阶层，后者指获得功名的阶层，但两者之间是高度重合的。地主出身者是构成士绅的主体，而且士绅的后人多半会成为地主。[②]

明清时期地主士绅的居住地出现了明显的向城市迁移的倾向。明代中后期，一方面，随着土地的集中和赋税制度改革，拥有大量田产的地主士绅取代佃农和自耕农成为政府赋税的主要征收对象，同时地主的田地普遍采用佃作制，其本人日益脱离农业生产；另一方面，随着地主阶层获取功名的人数增加，士绅化特征增强，同时又具有了免力役的特权，因此粮长、里长等力役也由地主承担改为由中下层民户承担。上述两种因素导致地主士绅不断由乡村向城镇移居，府城之外的大小市镇聚集了

① 陈学文. 明中叶以来“士农工商”四民观的演化：明清恤商厚商思潮探析[J]. 天中学刊，2011，3：108-111.

② 刘璐.“乡绅”的历史变迁考察[J]. 浙江万里学院学报，2017，1：68-71.

图3-1　江南首富沈万三宅，周庄镇

大量地主士绅阶层，典型的如周庄（图 3-1）、同里、角直、黎里、南翔、塘栖、枫径、朱家角、罗店、乌镇、濮院、斜塘等市镇均以文风科甲而著称，各种历史记载和保留至今的众多宅园也说明市镇上地主士绅聚居之盛。

二、农民阶层

农民是构成明清江南社会的主体。明代前期的农民多为自耕农和官田佃农，置于国家政权的控制之下，明代中后期以后，农民的地位发生了重要的变化。首先，随着士绅土地的集中和里甲、粮长等制度的消亡，国家权力在农村地区弱化，农民变成依附于士绅的佃农；其次，江南的重赋加上私人地租导致佃农家庭负担沉重。为改善此种情况，江南以棉织、丝绸为主的手工业普遍发展起来，农民不仅是农业劳动者，同时也是江南手工业的主要生产者，正是农民生产的农产品和手工业产品奠定了江南地区城镇蓬勃发展的经济基础。

传统乡村民众年度时间生活的一大特点是以农为本，一年之中人们总是以农事节律为基本轴心展开各相关活动。江南地区自然条件优越，多为一年两熟，生活上表现出一种明显的忙闲交替节奏。[①]

农忙时期，男子是田间劳作的主要承担者，女子除参加少量农事活动外，最主要的任务是为男子做好后勤工作，准备饭食、做家务、带孩子。农忙期间，妇女第一个起床，先清除炉灰、烧水，然后煮饭。男人们把午饭带往田间，直到傍晚收工以后回家。留在家中的妇女和儿童白天也吃早上煮好的饭，晚饭时全家人都围着桌子坐着，只有主妇在厨房里忙着给大家端饭。

一入农闲，女子除从事家务劳动外，又投入到棉纺织等副业生产中去。男子则从劳累的田间劳作中解放出来，除参加少量棉纺织等副业生产外，更多是参加其他一些活动，如进城务工、做小买卖或参加各种社会娱乐活动。

在江南，农民们最为普遍的休闲方式即泡茶馆（图 3-2），乡间男子除在农忙及养蚕时期外，每日大约耗半日光阴于茶馆。遇春节、端午等重要节日，农民们还会逛灯会、走亲访友、踏青玩乐，有时村里还会举行织布比赛等活动，大大丰富了农民们的闲暇生活。

图3-2　南园茶社，同里镇

① 王加华. 被结构的时间：农事节律与传统中国乡村民众时间生活 [J]. 民俗研究，2011，3：65-84.

图3-3 纺织作坊

三、工匠阶层

与兼营耕作、依附于土地的传统农村手工业者不同，苏杭等大城市存在一定规模的城市型生产，特点在于产品质量高、生产规模大，具有工场手工业的雏形。在苏州最主要的还是丝绸和棉布的生产加工，康熙时期，城内外来打工的踹匠不下万人，乾隆时期在苏州城东从事纺织的约有万户（图 3–3）。低端工人的来源主要是失地农民，有一定手工业技能的农民由于天灾人祸丧失了土地，被迫进入城市，在工场出卖劳动力为生。高端工人则往往由官方匠户转变而来，主要负责高端产品的生产，即产品的增殖加工，以满足官方征购和地主、富商的消费需求。

江南地区明清以来工匠技术发展达到鼎盛水平，工匠们技艺精湛，种类多样，建筑园林与玉器工匠尤为出色。其中赫赫有名的就有建筑匠人团体“香山帮”创始人蒯祥。蒯祥生于明代一个木匠世家，祖父蒯思明和父亲蒯福都是技艺高超的木匠师傅。自小，父辈即对蒯祥要求严格。蒯祥经常通宵达旦苦练技艺，最终练就了“心到意到斧到”的境界。南京营造明都城时广招名匠，蒯祥仅凭一把斧子雕刻出玉手扶梯，使得香山匠人从此名扬天下。蒯祥后任职于朝廷，掌管北京故宫建造。为官之后，他仍旧每日清晨坚持磨炼技艺。晌午前与其他匠人一起勘探现场、设计建筑园林格局、制施工图纸。至傍晚时分，蒯祥经常在家中聚集文人墨客、书画名家与建筑名匠，共同探讨园林设计。江南人文荟萃、名人辈出，画派、书派、医派、曲派等层出不穷。他们与香山匠人合作密切，有很多文人、书画家都直接参与了公馆楼台特别是园林的构图设计。而香山帮派中，也不乏能书善画者。文人与匠人的互动，提升了园林设计的整体品位，也使香山帮的建筑技艺达到了炉火纯青的境界。①

四、商人阶层

明代中期商业化及其导致的社会风尚变化使商人的地位得到上升，商人子孙不得参加科举的规定被废除，商人家族转向科举、置地以及地主士绅普遍经商使得士商界限日趋模糊。

商人阶层的类型很多，按其层次分为小商贩、直接和个人交易的店铺主、牙行、从事批发业务为主的庄、从事长距离中转贸易的字号、行商，其中前面两类多为江南地区本地人经营，而负责批发贸易和中转贸易的多为客籍商人。后一类商人为江南市场体系的组织者，对于江南地区的商业流转具有重要作用，同时也是城镇中重要的社会组织者。与士绅在乡村中的作用类似，商人尤其是富商在城镇中也具有社会组织者的作用，如主持公益慈善事业，协调民间纠纷和官民纠纷等。

从明代开始，在江南各地流行着这样一句俗语，叫作“钻天洞庭遍地徽”，意思是明代苏州和徽州地区的商人遍布天下，人数众多、活动广泛。江南的商人以出生商人世家、几代经商者居多。明代以前，商人地位低下。至明代中叶，经商之风盛行，经商致富的巨大诱惑力使社会各阶层已经打破“士农工商”的传统界限。

在明清江南地区，农业和手工业生产是江南财富创造的主要部分。在明清江南的社会关系和生产组织中，商人阶层具有至关重要的作用，产品的输出和粮食、原料的输入等均需要经过商人阶层的活动，可以说商人尤其是巨商大贾是保障江南商品经济顺利运行的关键因素（图 3-4）。②

---

① 孟琳.“香山帮”研究[D]. 苏州：苏州大学，2013.

② 范金民. 明清地域商人与江南市镇经济[J]. 中国社会经济史研究，2003，4：52-61.

图3-4 南浔巨富刘氏悌号，南浔最大的欧式建筑

第二节 江南文化

说起江南，人们不由联想起小桥流水和吴侬软语。江南最令人流连的，不仅有旖旎秀丽的水乡风景，更有文人墨客的风流挥毫，惟妙惟肖的市井绘画，悲欢离合的评弹曲调。与江南的相遇，也是与千古吴文化的邂逅。

明代中叶以后，在物质积累和文化孕育的基础上，吴文化可谓厚积薄发，各种文化门类空前繁荣，无论在经学、史学、经济、科技、文学、戏曲、美术、建筑等各个方面，都有杰出的表现。这一时期是吴文化发育最繁荣、最成熟、最完备、最具特色的时期，对中华文化发展产生了深远影响，使江南成为历史上全国经济、文化、艺术的中心。但是这一局面没有保持长久，清初大兴“文字狱”，对知识分子实行高压政策，即便如乾嘉学派对清代乃至民国初年的学术研究产生了重大影响，但已经不涉及时事。及至鸦片战争以后，江南城市发展成典型的消费城市，但由于历史积累深厚，仍然表现出较其他城市更为浓厚的文化气息。①

① 石琪. 吴文化与苏州[M]. 上海：同济大学出版社，1992.

吴文化作为江南文化的中心与代表，有着深刻的内涵与精神特质。

一是海纳百川、兼容并蓄。一方水土涵养一方人文，溯（长）江、环（太）湖、濒海的“山水形胜”，造就了吴越文化缔造者的文化习性与人文精神，注定这一方文化与生俱来的开放胸怀。

二是聪慧机敏、灵动睿智。吴越文化的创生和传承，既是优越地理环境的造化，更是经济社会发展的结晶。吴越人民世代相袭的聪明才智，不仅赋予锦绣江南特有的柔和、秀美，而且熔铸出由这些精雅文化形式所体现的审美取向和价值认同。重视教化、尊重人才，蔚然成风。

三是经世致用、务实求真。吴越之地商品经济率先起步，市民阶层形成较早，实业传统、工商精神、务实个性和平民风格等，都是吴越文化包括海派文化中不可或缺的内容。崇真向善、淳朴平实、诚信守份的精神使吴文化千百年来蓬勃发展，经久不衰。

四是敢为人先、超越自我。善于创造、勇于创新是吴越文化充满生机与活力的内生动力。吴地人民拥有永不止息的创新精神，摆脱地域羁绊，不断开拓创新。

一、方言

古今语言都有方言的地域差异，汉语包括七大方言，即官话、吴语、赣语、客家话、湘语、闽语、粤语。吴语大致分布于江苏长江以南的常州、无锡、苏州，包括镇江的丹阳，南京的高淳，长江以北的南通、海门、启东、如东、靖江，上海全境，浙江除淳安、建德、苍南、平阳之外的地区，以及江西的上饶，福建的浦城北部。吴语使用人数约占汉族总人口的百分之八，仅次于官话使用人数，属于汉语第二大方言。

一般认为，原始吴语源于古楚语。上古时期，南方汉语只有楚语，楚语正式进入吴越地区，当由楚灭越开始。原始吴语的形成，以古越语为底层语言，汉语上接受了楚语的影响，故历来有“吴人音楚”之说。[①]

秦汉置郡设官驻兵，中原移民主要聚居于郡治吴（今苏州）、会稽（今绍兴）、宛陵（今宣城）及秣陵（今南京）等重镇，吴语就以这些地方为中心发展起来，故后

---

① 诸汉文. 古吴文化探源[M]. 苏州：古吴轩出版社，2004.

来的吴语是以苏州为苏南吴语中心，绍兴为浙江吴语中心，宣城为皖南吴语中心。至西晋永嘉丧乱之前，建康（今南京）一带还是纯粹的吴语区，南朝乐府中的吴声歌曲，就是用吴语传唱的歌谣，其中保存着一个典型的吴语词汇“侬”。永嘉丧乱后，来自北方的移民约百万以上，超过了土著，并且移民中不少是大族。最终因为北方移民在人口、经济、政治等方面的优势，使南京、扬州等沿江地区吴语官话化，逐渐发展成为带有一定官话味的吴语，即以太湖为中心的北部吴语，以青弋江为中心的西部吴语，而距离南京较远因而变化较少的南部吴语则较多保留原始吴语的特征。

至唐代，由于国家安定兴盛，吴语相对稳定，得以巩固和分化。至北宋，吴语已经巩固，并形成今天南北各片的基本状况。靖康之乱，宋室南渡，大量北方移民至杭州，使杭州语言发生变化，带上官话的特点。因北方移民主要集中在临安府城内，故时至于今，杭州“半官话”的分布，也就在杭州市区范围。

吴语区范围内，各地方言很有差别，可以分为太湖、宣州、台州、婺州、处衢、瓯江六个大区；太湖大区还可分为苏嘉沪、常州、湖州、杭州、临绍、宁波六个小区，即使在苏嘉沪小区内，方言也有所差别。

二、画派

吴地文化较多地具有接近普通民众的文化传统。相对于全国其他地区而言，由于商品经济的发展，江南较早地形成了市民阶层，与此相应大多数艺术家也更接近于市民大众。

明代中叶，苏州经济繁荣，画坛上出现了我国历史上最大也是持续最久的画派——吴门画派，包括空前绝后的画坛精英“明四家”的沈周、文徵明、唐寅、仇英。吴门画派以摹写江南山水见长，脱离了宫廷画派的束缚，富于现实主义风格，接近自然，接近民众。吴门画家注重个人意志的发挥，不拘常礼，颇尚性灵，书画以山水人物为主，而艺术手法也自由灵活，表露出更多的田园气息和草根意识，是江南自然风光和人民生活在绘画艺术中的反映（图 3–5，图 3–6）。其中最为大家所熟知的便是唐寅，唐寅字伯虎，是妇孺皆知、家喻户晓的人物。他罢官回乡后，以书画为生。无论是宫殿王姬，还是市井生活，他都能画得清新妩媚。

吴门画派的诞生改变了中国画坛以宫廷画家主导绘画风格的局面，画风向现实化与世俗化方面发展，花鸟画逐渐以兼工带写的画风为主导，仕女画也形成单幅的艺术

图3-5　水乡如画，南浔百间楼

图3-6　退思园影墙，同里镇

形式。他们的作品具有雅俗共赏的艺术力量，在中国传统艺术中占据着极其重要的位置，是中国绘画史上浓墨重彩的一笔。

三、书派

书法作为中华民族特有的文化传统和艺术形式，在世界文化艺术之林占有独特的地位。江南人杰地灵，千百年来孕育和造就了数不胜数的杰出人才和传世之作。无论在书法创作，还是在理论研究方面都有突出的建树，并形成了具有鲜明地方特色、强烈艺术风格和深远历史影响的艺术流派。

吴门书派形成于明代时期。随着资本主义的萌芽、海内外交流的频繁，文化艺术领域出现了近代人文主义的觉醒。江南作为当时全国的文化中心，书法艺术的发展生机勃勃，出现了空间繁荣的局面，逐渐形成以祝允明、文徵明、王宠为代表的吴门书派，成为明代书坛的中流砥柱。他们经常举行雅集活动，吟诗挥毫，交流切磋，使文艺沙龙的范围日益壮大，呈现出“天下法书归吾吴”的局面。祝允明、文徵明分别以狂放不羁和温雅精绝独步书坛，影响深远。祝允明草书用笔果敢苍劲，恣肆纵横，代表作《前后赤壁赋》，波磔之间，化境自出，将明代草书艺术推向高峰。文徵明是继祝允明之后又一位吴门书派的领袖人物，他各体皆工，尤其对小楷和行书情有独钟，他的小楷清劲秀雅，力变元人秀丽软媚之习气，而求魏晋古朴之趣，得端庄流利、刚健婀娜之韵，形成自家风格，对当时及后世影响极大。

四、印派

江南的篆刻艺术源远流长，自宋元文人积极参与篆刻艺事以后，文人篆刻就有一定的影响，如元末朱珪工大小篆，自书自刻，集所刻为《名迹录》。一时许多文人、书画家都喜爱印章，如顾瑛、文徵明和唐寅等。明代中期，文彭继承了前辈的雅正印风并予以发扬光大，开创了中国印学史上第一个文人篆刻艺术流派吴门印派，使篆刻艺术独立成章，与吴门书派、吴门画派三足鼎立，相得益彰。

吴门印派创始人文彭，文徵明长子，字寿承，号三桥，因仕终南京国子监博士，又称文国博。凡讨论明清篆刻，几乎言必称文彭。他开创明清篆刻的风气，直接或间接地影响了之后篆刻流派的形成和发展，可以说是元代吾衍、赵孟頫以后文人篆刻的集大成

图3-7　苏州艺圃为明代文震孟（文徵明曾孙）故居

者，在篆刻艺术发展过程中起到了非常重要的承前启后的作用。文彭生平致力于篆刻艺术实践，治印讲求六法，但又注重变化，成为一代印风的代表人物（图 3-7）。

五、琴派

春秋时期，孔子七十二贤中的言子，长期在吴地“弦歌化俗”，以琴代语，乐教民众。汉代琴学大师蔡邕曾经在吴地传琴十多年，吴国丞相顾雍也是他门下弟子，被视为吴门琴派的奠基人。吴派琴最主要的特点是文人琴，有别于早期流行宫廷的乐府琴和后期流俗于酒肆茶楼的演艺琴。正如收入《春草堂琴谱》的《鼓琴八则》中第八则“辨派”所言，文人琴别具儒派和山林派气息。吴派琴风的特征是清婉而平和，气度不凡。可比拟长江广流，不同于上游高原峡谷中的急流，是在中下游平原上浩浩荡荡向东而去，一派国士风范。

自唐以来，吴派人才辈出，琴学大师相继不绝。宋元时有姑苏朱长文，两浙郭楚望、毛敏仲、汪元量等，明代有四明徐和仲，松江刘鸿，姑苏张用轸，娄东陈爱桐，徐青山，常熟严天池等。明代晚期严天池振臂疾呼，抵制琴坛不正之风，开创虞山派，把吴派琴学推向一个新阶段。吴派是虞山派之先声，而虞山派则是明清时代吴派的一支。

清中期崛起的广陵派，为吴派演变的另一支脉。至近代，吴派又演化派生虞山吴氏和吴门琴派。古琴大师吴景略、吴兆基两位分别就是这两个流派的代表人物。早在虞山派形成的初期，吴兰荪、吴浸阳两前辈宗师在承传吴派、虞山派的同时已渐开吴门琴风。到了吴兆基大师手上，得到进一步发扬光大，海内外琴人称誉为“吴门琴韵”（图 3-8）。

图3-8　周庄南湖古琴社

六、昆曲

16 世纪中叶，一支小小的南曲声腔—昆山腔，经魏良辅的改造脱颖而出，经登上戏曲表演舞台，很快一统苏州剧坛，并由苏州向全国辐射，昆曲便成为天下第一大剧种。此后的两百年间，昆曲传奇作品，有文献记载的数以千计，作家、音律家、理论家、表演家不计其数。昆曲不仅为贵族皇家所追捧，也为平民百姓所喜爱。清代苏州，昆曲出现了“三岁孩童识戏文”和“家家收拾起，户户不提防”（“收拾起”“不提防”为昆曲唱词）的普及现象。

至清乾隆年间，苏州城里的职业戏班就有将近五十家。昆曲发祥地苏州在几个世纪中，一直是全国戏曲活动的中心，人才辈出，流派纷呈，中国数以百计的地方戏剧几乎无不从昆曲中汲取营养，就连京剧也深受昆曲影响，深得昆曲滋养，因此昆曲被誉为“百戏之祖”。作为一种博大精深的华夏舞台表演艺术，昆曲综合了表演、音乐、文学、美术、雕塑、声韵等领域的最高成就。昆曲是当前世界上最古老的戏剧剧种的仅存者之一。至今，昆曲的艺术精华仍以部分本戏和大量“折子戏”的形式在剧坛流传，并被联合国教科文组织列为“人类口头和非物质遗产代表作”（图 3-9）。

图3-9　昆剧《游园惊梦》，苏州网师园夜游表演

第三节　江南民俗

一、崇文重教

三国时期的吴景帝孙休非常注重教育的作用，在公元 256 年创办了孙吴的国立学校——南京太学，此后至魏晋南北朝、唐宋元明清，教育在江南一直十分兴盛，形成了府学、县学、书院、社学、义塾这样较为丰富的多层次教育体系，从而为江南多状元、多人才创造了良好条件。

聘请教师在固定地点授课的形式都属于塾学，包括塾师自己开办的自设馆、富贵人家聘请塾师在家中教授子弟的家塾、大姓宗族开设的族塾，还有由官员、士绅及好义民众等社会力量倡办的社学、义学等。其中最常见的办学形式则是自设馆和家塾，自设馆可以同时容纳多个层次的学生，学生年龄从四五岁到二十几岁不等；富绅殷户聘请塾师到家中专门为子弟授课的形式称为“家塾”或“门馆”。

“族塾”又称“族学”“祠塾”，是世家大族设置在本族义庄或宗祠内为族中贫困子弟而设置的学校。一般来说，族塾无偿为本宗族的子弟提供读书受教育的机会（图3-10）。

图3-10　无锡荡口镇，华氏老义庄

“社学”始于元代至元年间，是由官方倡导，地方官员和乡绅贤达在城镇坊厢、乡村里社推广创设的一种启蒙教育学校，与府州县级的儒学和京师的国子学构成官方教育的三级体系。社学在江南市镇中的推广更有赖于官员以私人身份捐置和民间力量的支持。

江南的书院发端于宋代，而兴盛于明清，成为江南文化发展的一道亮丽风景线。现可考证江南最早的书院是在北宋天圣二年（1024 年）所开办的茅山书院，由处士侯遗所创建并亲自执教。茅山书院与宋初江西庐山的白鹿洞书院，湖南长沙的岳麓书院，河南商丘的睢阳书院、应天府书院，以及河南登封的嵩阳书院齐名。明初，江南在全国最具影响者当首推无锡的东林书院。东林书院的创建者为明代思想家、东林党领袖顾宪成，书院不仅关心儒家理论，强调修德养生，而且还关怀世道，关心国家的命运和前途。这从东林书院的对联“风声雨声读书声，声声入耳；家事国事天下事，事事关心”可见一斑。清初，统治者对书院严禁创设，江南书院也转为沉寂。后来为了笼络文人，清廷以赐匾、赐书方式对书院加以提倡，江南书院又开始复苏，直至蓬勃发展，但此时的江南书院成为官学与科举相结合的产物。光绪三十一年（1905 年）朝廷废科举，遂宣告这种为科举而存在的应试书院最后解体。

二、民俗文化

江南民俗文化产生于农耕生活，体现在江南人们的衣食住行、婚丧嫁娶等日常生活中，包括生产劳动民俗、饮食消费习俗、人生礼仪习俗、岁时节令习俗、民间信仰习俗、民间文体娱乐等方面。

农业是江南人最基本的生产劳动，包括水稻、蚕桑种植及渔业养殖等。在长期的农业生产劳动中，形成了江南地区特有的农业生产习俗。稻作习俗中，江南各地有迎春、打春，祈祷芒神、社稷神，期盼五谷丰登的习俗；有正月初一“看风云”、初八“看参星”、正月十五晚“点田财”的习俗；莳秧时有喝“开秧门酒”“关秧门酒”的习俗；遇有灾害，有求龙王、“铜观音求雨”、“求刘猛将”等习俗；丰收时节，举行“稻生日”仪式，还有“画米囤”习俗；甚至吴地农民在农业生产时，还有喜唱种田山歌的习俗。江南农民在漫长的蚕桑养殖历史过程中，形成了丰富多彩的养蚕习俗，如祭蚕神、祭蚕花菩萨，祈祷蚕桑丰收。蚕的五个生长过程都形成了特有的风俗，如蚕结茧时，亲朋好友都来“望山头”，互送礼品。养蚕还有许多禁忌，如外人不能随便进入蚕室，甚至还有些语言上的禁忌等。[①]

在饮食方面，江南是鱼米之乡，稻米、“太湖三白”、大闸蟹、水八仙等特产远近闻名。江南食品精密细致，食不厌精、食不厌细，讲究制作和时令时鲜的丰富变化。米食以粥饭为主，吃鱼要讲时令，一般不吃鲤鱼。喝茶不但要求茶好，水也要好。江南人的口味是喜烂喜甜，米粉制作的各式糕团点心香糯酥软、鲜甜可口，不仅与四季节令有关，而且婚丧寿诞等重大礼仪，都离不开糕团（图 3-11）。

衣着方面，稻作生产对服饰的影响较大，如苏州吴中境内甪直、胜浦、唯亭、陆墓一带的农村妇女一直保留着传统的民俗服饰，她们扎包头巾，穿拼接衫、拼裆裤、束倔裙，裹卷膀，着绣花鞋，“青莲衫子藕荷裳”，极具江南水乡特色。江南人的穿着注重色泽的柔和、淡雅，嗜好在衣服上加以刺绣点缀（图 3-12）。

居住方面，旧时江南农村经常就地取材，建房选址与动土时间均选良辰吉日，破土之前要祭祀土地，造房过程中祭祀工匠祖师鲁班，另外还要举行隆重的祭梁、封山、做脊、紧门缝、开新门、砌新灶等仪式。住房坐北朝南，房前有场，用于打谷晒粮。房子大多靠在河边，屋前靠河，便于用水。屋内设置有许多讲究，如强调“亮灶暗房”，灶间供有灶神；安门要择日，门上往往饰有照妖镜、八卦、剪刀等“辟邪”物；住房上常绘有吉祥图案等。江南的传统住宅都有这些特点，因而形成了“粉墙黛瓦”“小桥流水人家”的江南水乡风貌（图 3-13）。

图3-11　传统糕团，震泽镇

图3-12　甪直水乡妇女传统服饰

① 王加华. 传统江南棉稻区乡村民众之年度时间生活：以上海县为例[J]. 民俗研究，2014, 3：37-49.

图3-13 临水人家，南浔镇

江南岁时节令的民俗文化内容丰富，几乎每个节日习俗都有民间信仰的内涵，每个节日都有相应的节令食品，每个节日几乎都有民间娱乐活动，每个节日都有它的历史渊源。文体娱乐习俗则体现了江南人“会过日子”、懂得生活，他们不满足于物质上的享受，更有精神上的追求，如江南人有着春天踏青、夏天采莲、秋天赏月、冬天探梅等四季郊游的游乐习俗。

江南民俗是中国传统民俗文化的重要组成部分，它与当地的产业、环境、经济紧密相连，成为中国传统文化中一道亮丽的风景线。

第四节　江南意象

一、文学作品中的江南水乡

所谓“江山之好，亦赖文章相助”。正是由于历代文人墨客留下的诗词歌赋，江南水乡才能从一个地理名称演变成一个富于文学意象的名词。可以说，大量文学作品构筑了中国人想象中的江南水乡。

中国是诗歌的国度，江南水乡一直是诗词偏爱的主题。汉代乐府诗《江南》：“江南可采莲，莲叶何田田，鱼戏莲叶间。鱼戏莲叶东，鱼戏莲叶西，鱼戏莲叶南，鱼戏莲叶北。”以简洁明快的语言，回旋反复的音调，勾勒出江南水乡日常生活中生动而美妙的画卷。

随着江南的不断开发，到了唐代，已经从曾经的蛮夷之地变为富庶之乡，因而出现在文人墨客笔端的便是一派繁华的景象。其中最为人称道的便是白居易的《忆江南三首》，堪称对江南做了最为准确的文化与审美定位：

其一：“江南好，风景旧曾谙。日出江花红胜火，春来江水绿如蓝。能不忆江南？”其二：“江南忆，最忆是杭州。山寺月中寻桂子，郡亭枕上看潮头。何日更重游？”其三：“江南忆，其次忆吴宫。吴酒一杯春竹叶，吴娃双舞醉芙蓉。早晚复相逢？”（图 3-14）

诗中描绘了江南的景色之美、风物之美和女性之美。白居易中年的时候曾任杭州刺史和苏州刺史，对这两地的秀丽风光念念不忘，以至于回京（洛阳）十年后，在洛阳宅邸中写下了这篇组词作品。江南与京城，有千里之隔，虽然知道再会的希望渺茫，还是与江南定下了一个约定：无论早晚，终会相逢。这个无限深情的答复，超越了空间与现实，体现出作者对江南的追忆与眷恋。

那么生于江南水乡的诗人又作何感想呢？“兰烬落，屏上暗红蕉。闲梦江南梅熟日，夜船吹笛雨萧萧，人语驿边桥。楼上寝，残月下帘旌。梦见秣陵惆怅事，桃花柳絮满江城，双髻坐吹笙。”这是唐代浙江籍诗人皇甫松的《梦江南》，是一首思乡之作，借梦中所闻境界，描绘了江南水乡暮春时节的风光，寄托了作者思念故乡的缱绻之情。

到了宋代，诗词中提及江南的作品数量达到了唐代的五六倍。描写江南水乡的惯用词汇经过诗词的多番洗礼和运用，成为凝练而有象征性的文学性词汇。例如，从江

图3-14　震泽文昌阁

南多雨的天气衍生出“烟雨”，如诗如梦。类似的词语还有“采莲”“采桑”“采茶”“浣纱”“杨柳”“小桥”“流水”“人家”“杏花”“燕子”等。这些情态和意向虽非江南所独有，但是汇聚在一起，共同构成了江南水乡的文学意向（图 3-15）。

到了明清之际，随着江南经济的迅速发展，市民阶层的不断壮大，城市生活也变得多姿多彩起来。文人们在政治上失意之余，也试图经营一种与大众有别的文雅生活，通过文学、绘画、园林、雅集、游览、交友、赏艺来描绘生活理想。同一时代江南地区的散文也趋向于世俗化，例如明末清初散文家张岱的《陶庵梦忆》详细描述了明代江浙地区的社会生活，如茶楼酒肆、说书演戏、斗鸡养鸟、放灯迎神以及山水风景、工艺书画等。清代剧作家李渔所撰写的《闲情偶寄》论述了戏曲、歌舞、服饰、修容、园林、建筑、花卉、器玩、颐养、饮食等艺术和生活中的各种现象，并阐发了自己的主张。清代诗坛盟主袁枚所写的《随园食单》细腻地描摹了乾隆年间江浙地区的饮食状况与烹饪技术，所涉及的南北菜肴饭点多达 326 种。

近代以来，江南对文学的影响力仍然未减。以浙江籍诗人徐志摩为例，他的灵魂深处总是萌发着性灵的生机与水样的情怀，他的诗歌最能展示江南文化的精致灵动，

图3-15　梦里水乡，锦溪镇

他的笔下最常出现的是“水”“云”“花”“月”“星”“白莲”“涧泉”“琴弦”“彩衣”，都带有江南的色彩。

与徐志摩隐藏在行文之下的江南水乡意向相比，当代诗人余光中的《春天，遂想起》堪称是直接抒发了自己的思念，诗中反复出现了如“采桑”“莲菱”“燕子”“杏花春雨”“垂柳”等江南的各种意象。

二、绘画作品中的江南水乡

对江南水乡的表现是文人画的重要主题。元四家黄公望、吴镇、倪瓒、王蒙都是文人画高手，也是江南人士。他们以《富春山居图》《渔父图》《容膝斋图》《青卞隐居图》等名作著称于世，开创了江南文人山水画的传统。到明中叶出现由沈周开宗的吴门画派，更是传承了江南山水的灵秀和意蕴。直至当代，仍有诸多画家以江南水乡作为自己的创作母题、灵感源泉，孜孜不倦地描绘着江南水乡的风情画卷，以慰藉游子的思乡之情。

（一）吴冠中

吴冠中（1919—2010 年）的画作从早年秀丽的江南风景到晚年的抽象线条，用最简单的点、线、面、色之间富有节奏和韵律的形式架构，画面洋溢着浓郁的中国文化诗情和神韵。贯穿吴冠中绘画审美的一个基本主题，是透过意象、意趣和意境的表现，创造出独具特色的现代意义的中国绘画。

作为生于江南、长于水乡的画家，吴冠中对江南水乡有着浓厚的深情，作品中最具代表性和最典型的题材就是江南水乡。吴冠中说过："黑、白、灰是江南的主调，也是我自己作品银灰主调的基石。我一辈子断断续续总在画江南。"这股乡愁被他转化成画笔下的白墙黑瓦、小桥流水和春柳飞燕等江南美景（图 3–16）。

图3–16　吴冠中画作《江南水乡》

图3-17　陈逸飞画作《故乡的回忆：双桥》

（二）陈逸飞

陈逸飞（1946—2005 年）笔下的江南，是有质感的江南，无论是描绘江南水乡的风景，还是生动传神的女子肖像，都通过油画和中国传统水墨画手法，在写实主义中渗透着中国传统的美感。那古老有些凌乱和衰败的房子，那密密窄窄的巷道，那屋檐下花花绿绿的衣裳，那波光荡漾、倒影纷繁的水面，那迷蒙细雨，那湿润空气，那雾霭流岚，那晨晨昏昏，岁岁年年，使人神往，令人陶醉。

1985 年美国西方石油公司董事长哈默访问中国时，将陈逸飞的油画《故乡的回忆——双桥》作为礼物赠与中国，画中周庄古镇的双桥在陈逸飞的笔下幻变成色彩斑斓的梦里水乡（图 3-17）。

（三）杨明义

杨明义（1943 年生于苏州）的画清新脱俗，别具一格，创造性地表现江南水乡的浓郁韵味，他笔下的水墨江南，其意义已远远超越了江南景物本身，含有留住乡愁

图3-18　杨明义画作《沧浪晓月》

和传承人文的意味。

早在 20 世纪 70 年代，杨明义就开始探索新的水墨江南山水画。以纸作媒，使之嫣然化作吴地山水阴晦湿润的气候，烟波迷离的视野，以及阡陌纵横、舟船往来的江南生活景观。他的画作《沧浪晓月》中皎洁的月光下，水面亮得耀眼，树枝和黑瓦白墙在水面的倒影，清晰胜过白天，似一个充盈着水汽的江南梦。他笔下的所有都跟水有关，水牛、渔船、鸬鹚、鸭子、荷花、桥，甚至姿态曼妙、神态娇羞的小姑娘和牵着牛的小孩，而氤氲朦胧的远山，一碧如洗的长天，袅娜的行云，张着的渔网，竖着的桅杆，一切都充满了恬静的淡雅和诗意，映着淡淡的乡愁（图 3-18）。

第四章　江南水乡文化景观

第一节　城乡空间格局

江南地区处于亚热带，地势平坦，气候温润，物产丰富，交通便利。江南水乡城镇就在这样相同的自然环境和文化背景下，通过密切的经济活动形成了一种介于乡村和城市之间的诗意聚居地和经济网络空间，在中国文化和社会经济发展史上具有重要的地位和价值，其典型的“小桥、流水、人家”的整体风貌独树一帜，形成了独特的地域文化景观。

一、水乡自然格局

江南地区是一个被江河海洋包围的完整流域，北界长江，南临钱塘，东滨东海，西面则是一系列山地丘陵组成的分水岭。西部山地丘陵大致包括南北两段，北段为江苏境内丹徒、金坛、溧阳西界的茅山，南段为安徽、浙江交界处的天目山。远在距今 7000 年左右，当江南平原尚为一片海湾、沙洲的时候，西部山地丘陵则为濒临海岸的陆地。除了位于西部边缘的低山丘陵以外，江南平原地区的丘陵相对较少，主要集中于太湖沿岸地区，如苏州的洞庭东山、西山、天平山、灵岩山和无锡的锡山、惠山。此外就是一些孤立的低丘，如松江的佘山、常熟的虞山等，这些丘陵基本上不存在经济上的意义，却具有很好的景观价值。

在公元前 4000 年左右，古太湖基本与海洋分离，岸线基本稳定，在此后的一千多年间，海岸线发生了较大的变化，总体趋势为“北涨南塌”

的趋势，即在北部涨出了新三角洲，南部则不断塌陷并沦入海中。[1]为了保障沿海的土地和人民的安全，历代政府花了大量的人力物力修筑海塘，江南最早的海塘相传为东汉修筑的钱塘，至唐代有贯通南北的土筑捍海塘，北起吴淞江口，南至盐官（今海宁），五代时钱镠改为石塘，明万历在其外侧修建外护塘，之后又随海涂的淤涨陆续修筑了多道海防塘堤，稳定了江南地区的海岸线。

水乡泽国是江南地区最典型的自然景观，也通常被认为是江南地区的优势所在。然而在漫长的历史时期，太湖下游低湿地洼，更多地成为影响地区发展的制约因素。古代江南地区劳动人民在长期的生产实践中探索出水网地区塘浦圩田开发体系，把浚河、筑堤、建闸、水上交通等水利工程措施统一于圩田建设过程中，形成了一种综合性排灌工程系统，在浅水沼泽地带或河源浅滩上围堤筑坪，把田围在中间，把水挡在堤外，圩内开沟渠，设涵闸，有排有灌，以对圩区农田进行合理的灌溉和排洪、排涝，取得了农业经济的巨大效益。

塘浦圩田系统源于三国时期，盛于唐代，在吴越时期臻于完善。此时大的工程一般由政府组织兴建，唐代设嘉兴等三大屯田区，吴越设都水营田使，到了两宋政府主导的塘浦圩田工程不断减少，说明此时圩田的开发已达到高峰，低湿平原已被开垦殆尽，许多湖区也开始围垦。太湖位于江南地区的核心，太湖及其水系构成了江南自然地理格局的骨架，经过长期的土地开垦，环绕太湖形成的塘浦圩田工程，增加了土地，兴修了水利，便捷了交通，以太湖为核心向周围开凿了纵向的溇和横向的塘，形成“横塘纵溇”的水网体系，同时具有排灌和航运功能（图 4–1）。

江南地区还有一种独特农田综合开发模式，就是“桑基鱼田”，是指利用或者开挖水潭成鱼塘，塘中养鱼，塘埂栽桑，桑叶养蚕，蚕沙肥塘，塘中淤泥沉渣肥桑，周边种稻，如此日复一日、年复一年而形成的生态产业链。嘉湖地区的桑基农业包括植桑、种稻、养鱼等种植和养殖业的综合发展，六朝时已有发达的桑蚕业，早期桑基农业主要在西部较高的山地，随着水环境改造能力的增强，桑基农业逐渐向平原低地圩田转移。南宋时期，嘉湖地区大规模形成了桑基农业的河网、圩田。

太湖地区地理环境的内在差异也显著存在。汉晋以后太湖以东的三角洲平原形成了以冈身为界的地理分区，在地势、地貌、土壤与种植结构等方面的分异愈加明显。古代苏松地区的文献资料中多有“低乡”“高乡”的称谓，所谓“低乡”主要指苏

① 《太湖水利史稿》编写组. 太湖水利史稿［M］. 南京：河海大学出版社，1993.

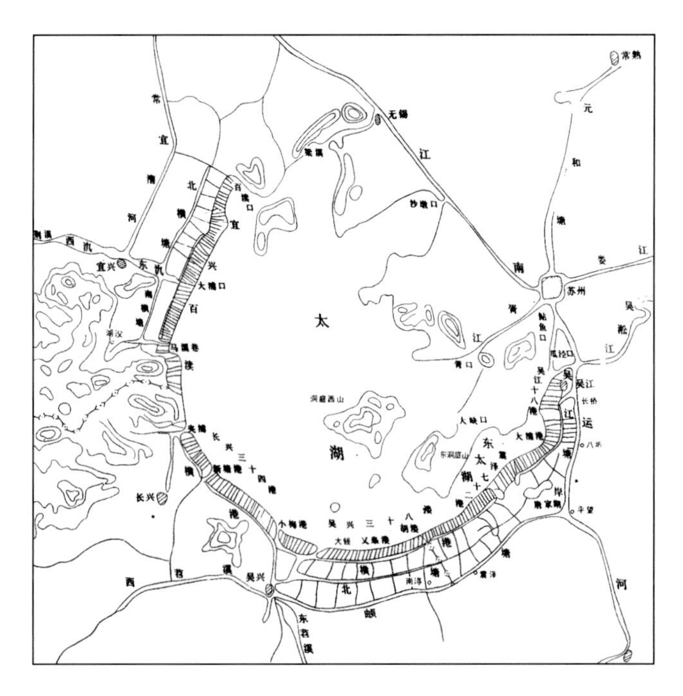

图4–1　太湖沿岸溇渎港位置示意图

嘉湖平原腹地的低洼积水平原，海拔一般在 2.8 米以下，河流水量丰沛，以水稻种植和塘浦圩田系统为特征。“高乡”则指唐代以后华亭、娄县、嘉定、上海境内冈身附近及其以东的平原，高乡地势略高于西部，在宋元以后形成了以棉花为主的种植格局。因此，太湖地区逐渐形成了三大特色生产区域，一是苏州府传统稻作中心，明清时棉纺和丝绸两者兼具；二是松江府及太仓州所属各县，主要以棉业为主；三是嘉湖地区，桑蚕兴盛，以纺织丝绸为主。[①]

在我国广袤的疆域中，太湖地区的自然环境堪称得天独厚。太湖流域位于长江下游尾闾与钱塘江和杭州湾之间，经历沧海桑田，在江河与大海交汇处逐渐造就了连片的三角洲平原，这通常是人类理想的生存环境。

太湖流域面积 36 895 平方千米，地貌以平原为主，占流域总面积的 80%，山丘区占 20%。流域地势西部高、东部低，周边略高、中间略低，呈碟形。西部山丘区属天目山及茅山山区，中间为平原河网和以太湖为中心的洼地及湖泊，北、东、南三边

① 谢湜．高乡与低乡：11–16世纪太湖以东的区域结构变迁[M]．北京：三联书店，2015.

受长江和杭州湾泥沙堆积影响，形成沿江及沿海高地。当海平面相对上升时，平原河流向外海排水受阻，不断在平原内泛滥，积水于以太湖为中心的低洼地区，形成大面积的湖荡平原和水网平原，平均高程一般在 5 米以下。

江南地区地势平坦，河道纵横交错，湖泊星罗棋布，历来享有“水乡泽国”的美誉。面积在 1 平方千米以上的湖泊共有 123 个，以太湖为中心（图 4–2），形成阳澄淀泖区、杭嘉湖区、湖西区、澄锡平原区四大湖群。流域内水系以太湖为中心，上游水系发源于西部山丘区，汇入太湖后，经太湖调蓄，从东部流出。下游水系包括长江水系、杭嘉湖水系、黄浦江水系，分别北排长江、南排杭州湾。江南人民依托河湖之利在此繁衍生息，在与自然长期的协调、抗争中兴利除害，改造水系，特别是开凿了江南运河，贯穿太湖流域腹地及下游诸水系，起着水量调节和承转作用。

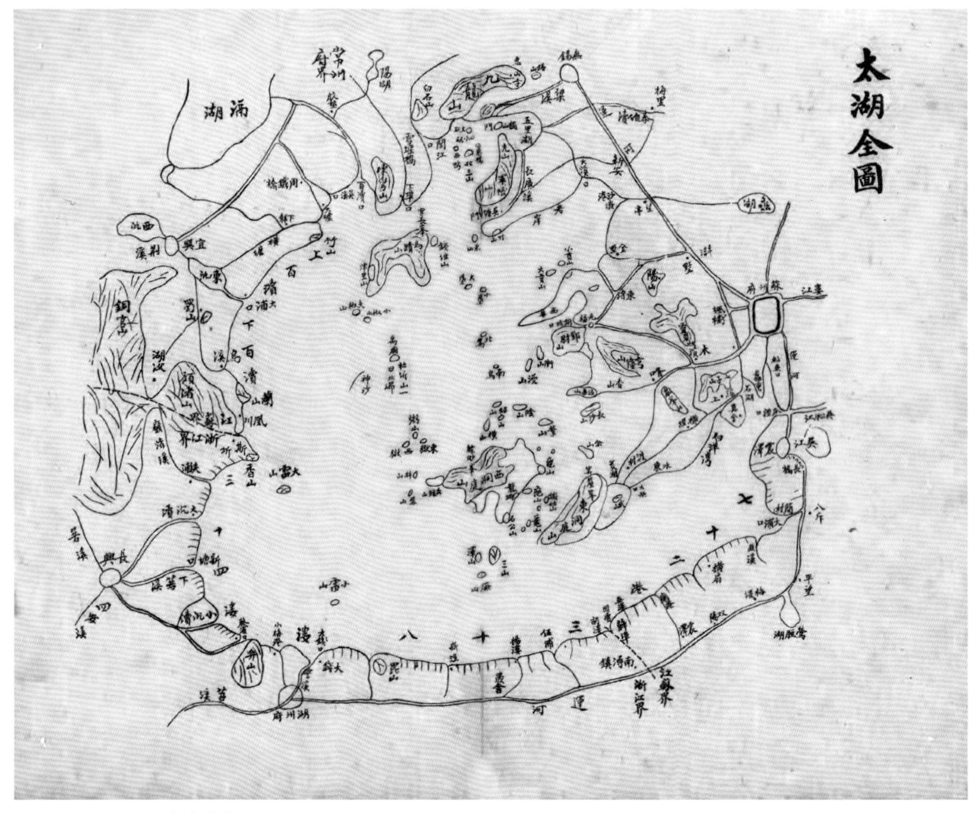

图4–2　民国吴县志太湖全图

江南地区四季分明，光照充足，雨水丰沛，有着良好的气候条件。河港交错，水旱田相间，构成港、池、田、地立体分布，有利于粮桑及其他经济作物和水产养殖业的发展，所以不仅是商品粮基地，也是丝绸和淡水鱼的著名产地。

一方水土养一方人，江南特定的自然环境，影响着人们的生产生活方式，历经漫长岁月磨砺，这里的聚落也适应了周围的环境，呈现出自己的风格与特征，成为诗意栖居的典范。①

二、江南市镇形成

发达的自然和人工开凿的水网，造就了成熟的农业经济，为江南市镇的形成奠定了重要的基础。江南古镇大部分是在唐末农村自发形成的草市基础上发展起来的商业性城镇，而从草市发展到市镇是一个漫长的过程。古代“日中为市，各取所需，各异而退”都只是“朝而集，夕而散”，在这些草市上没有形成常住的人口和集中的房舍。随着农业经济的日益成熟，宋代以后贸易日益兴旺频繁，从三天一集、五天一集、十天一集的定期集市，发展成日日集，市中出现了加工业、手工业、固定的商店和定居人口，渐渐形成市镇的格局。

宋以后镇就是指县以下的商业市集，这个概念一直沿袭至今。镇往往位于水陆交通汇集之地，一个镇担负着周围乡村的生产资料和生活用品的供销任务，除了常设的商业服务设施以外，还有行政管理机构，以执行赋税纳租，负责一方安全，解决民事纠纷，是介于城市与乡村之间的经济社会空间。②

江南历来是生产粮食的农业区域。宋王朝南迁以后，这里成为全国经济发展水平最高的地区。到了明清两代这里又改变了单纯种粮食作物的耕作制度，也大规模出现了棉桑等经济作物，植桑、种棉为手工业提供了原料，而且使蚕桑、纺织成为普遍的家庭副业。随着江南农村经济商品化、专业化的趋势，丝绸和棉布的生产和交易市场大量兴起和发展,此时市的交换已不仅仅是为补充自然经济及作为生产与消费的桥梁，而是把原料产地和生产中心联系起来。

商品经济发展了，农民手中有了富余资金，各种日常用品及其他手工业也得到较快发展。此时主要的手工业有纺织、制茶、制盐、造纸、编织、陶瓷、酿酒等，这些商业、手工业集中之地就形成了江南地区的市镇，大体上形成了棉布业和丝绸业两大

---

① 雍振华. 江苏民居[M]. 北京：中国建筑工业出版社，2009.

② 阮仪三. 中国江南水乡[M]. 上海：同济大学出版社，1995.

类型的市镇系统，星罗棋布的市镇相互联系，形成一个市镇网络，沟通了全国各地的市场。

（一）**城镇等级结构**

江南城镇在明清时期大体上形成了都会、府城、县城、镇、村等多层次结构的经济网络。从全国范围来讲，明清时期江南地区市镇的发展最为迅速，分布密度也最大，如明代苏州府所属有 37 个镇，到了清代就增加到 67 个镇。

明清时期江南水乡地区的城镇都是周边商业贸易的中心所在，因而形成了以集市贸易为特征的初级市场的村市镇，以集散贸易为特征的中级市场的一般市镇，以批发贸易为特征的中级市场和以中转贸易为特征的高级市场的中心市镇和地方城市以及商业都会。依据市场层级、行政等级及规模，江南水乡城镇可以分为六个等级，即：[①]

1. 商业都会：苏州和杭州两个大城市。

2. 中心城市：是苏州、杭州府范围以外的中心，包括太仓、松江、嘉兴、湖州、常州、镇江等。

3. 地方城市：县域的中心，包括少数巨镇和万人以下的县城，如昆山、嘉定、甪直、南浔等。

4. 中心市镇：江南多数的大镇、巨镇和万人以下的县城，如枫桥、盛泽、南翔、罗店、光福。

5. 标准市镇：江南的一般市镇，辐射范围多为周边村庄，如王店、濮院、新塍。

6. 村市镇：规模较小的市镇，地位高于村庄。

城镇的空间分布，主要在于每个城镇所具有的商业贸易的服务范围，而这个服务范围可以用时距来估算。在缺乏现代交通工具的明清江南地区，主要的交通方式为步行和水运，一个自然村落活动空间范围约半千米，两村之间相距 1 千米，抬轿挑担可以中途不歇脚；标准市镇服务半径以半日往返，步行 2 小时即 5 千米；中心市镇一般考虑当日往返，间距在 15 千米左右。

（二）**市镇专业分工**

随着商品经济的发展，社会分工的细密，乡镇市场呈现出专业化的趋势，形成“一镇一品”的格局，以生产促进流通，以流通带动生产，从而实现整个江南地区的经济良性循环。市镇依赖于四乡所从事的农副业生产，形成专业生产和销售，市镇之

① 阮仪三. 江南古镇[M]. 上海：上海画报出版社，2000.

间分工协作，互相竞争，互相依存，形成一个市场网络体系。主要的专业市镇有棉布业市镇、蚕桑丝织业市镇和米粮业市镇三种类型，此外还有盐业、榨油业、笔业、铁冶业、窑业、渔业、编织业、竹木业、山货业、刺绣业、制车业、造船业、海运业等类型。①

江南市镇的专业分工以某种产业为主导，往往也兼有其他的产业。

1. 丝绸业市镇：丝绸业的发展建立在本地蚕桑业的基础上，丝绸市场与蚕桑市场结合密切。南浔以蚕丝闻名，而盛泽则以丝绸著称，兼有丝、绸市场的有濮院、乌镇、菱湖、双林、塘栖等。

2. 棉业市镇：江南棉花市场除在产棉区外，也承担由产棉区向西部非产棉区的棉纺织区的流通功能，如上海的嘉定、娄塘、外岗、七宝、朱家角、金汇、南翔、月浦、枫泾等。

3. 米粮业市镇：随着江南经济的高度商品化，粮食也逐步商品化，明代主要以江南内部市场调剂为主，清代则大规模由外地输入稻米、豆麦等粮食，由此形成大批以米粮贸易为主的市镇。有为满足城市需求或承担转运贸易的城镇，如苏州的枫桥、平望、浒墅，杭州附近的湖墅、长安等；再有是承担本地出产的稻米集散经营，如金泽、黎里、西塘等。

4. 竹木、山货业市镇：这类城镇多位于山区与平原结合部的交通要道，有上陌、施诸、湖义、埭溪、陈庄、牌头、长乐、河桥等。如陈庄盛产竹器，居民以竹为业，一切家具均以竹为主，又接近蚕桑区，蚕具所用篷、匾、筐等物均产销两旺。

5. 其他经济型专业市场：铁冶业有桐乡炉镇、吴江屯村、宜兴筱里，窑业有嘉善干家、嘉善张泾、宜兴丁蜀、苏州陆墓，编织业有苏州浒墅、苏州黄埭、太仓茜泾，盐业有川沙八团、嘉兴鲍郎、平湖新仓、南汇航头、奉贤四团，笔业有湖州琏市，刺绣有苏州光福，烟业有桐乡屠店。

市镇的专业分工，反映了江南地区生产分工的多样性，显示了农村商品经济的发达及地区性特色行业的兴起与发展，既有分工又有竞争，既呈现其专业协作的优势，又促进了技艺的进步，有力推动了江南地区经济的整体发展。

农副业物产的丰富，商业、手工业、交通运输业的繁荣，使得整个江南地区进入明清时期就分外富庶与繁荣，城镇人民的生活水平也有很大的提高。

---

① 包伟民. 江南市镇及其近代命运：1840—1949[M]. 北京：知识出版社，1998.

（三）**城镇布局形态**

江南水乡城镇各个环节都与水息息相关，它们大多坐落在河湖交汇之处，在以舟楫为重要交通工具的时代，商业随着交通的方便而得到发展，四乡的物质到这些市镇集散，使得这些水乡城镇从唐宋以来就人丁兴旺，商贾四集，形成繁荣的街市。

江南水乡城镇的形成发展带有明显的自发性，这种自发性受到所处环境条件的影响。在江南水乡地区，湖泊众多，河渠纵横，城镇中的市河都是顺应原来的地理环境，经过整理开挖，一般比较平直，极有规律，许多古镇形成了一条河一条街，前街后河，街河相间，纵横相织而成十字、井字的河街格局。古镇上的河两岸都砌有整齐的石栏驳岸，在石驳上盖房。古镇中的河是居民赖以生存的重要条件，江南气候湿润多雨，河网就成了排泄雨水的通道，千百年来古镇很少被大水淹没过。城镇的形成起始于生产方式的改变和人口的聚集，以后随着商业贸易的流通而发展，水上交通又是流通的主要因素，因而城镇的形态往往与河道水网密切相关，也因为水系的不同形态而形成各异的城镇平面形态。[①]

第二节　水乡城镇特色

江南水乡城镇是在经济和文化鼎盛时期发展形成的具有经济、居住和生产等多种功能的城镇，它们格局完整、风貌独特、文化深厚、民风淳朴。江南水乡文化具有共同的特点：[②]

一、植根于太湖流域水环境的自然景观和生活特征

江南地处长江三角洲太湖流域的湖积平原，有众多零星的湖泊沼泽（图 4-3）。长期以来，由于农业水利和交通的需求，人们在太湖下游陆续开凿许多运河，形成五里七里一纵浦，七里十里一横塘的完整的以太湖为中心的水网体系，特别是隋唐开挖

---

① 段进等．城镇空间解析：太湖流域古镇空间结构与形态［M］．北京：中国建筑工业出版社，2002：1-6.

② 阮仪三，邵甬，林林．江南水乡城镇的特色、价值及保护[J]．城市规划学刊，2002，1：1-4.

图4-3　淀山湖

的京杭大运河，成为中国南北交通的大动脉。江南水乡城镇凭借其发达的水网体系所带来的交通优势成为该地区经济与文化的活跃点。

江南水乡城镇因水而生，因水而兴。苏州古城构成河街并行的双棋盘格局，周庄“镇为泽国，四面环水”“咫尺往来，皆须舟楫”，位于五个湖泊的中心地带，是来往船只避风和补充给养的良港，同里镇则是“诸湖怀抱于外，一镇包涵其中”。角直、南浔、乌镇、西塘等古镇是通过贯穿镇区的“上”字形、“十”字形或星形的市河沟通太湖、运河、长江甚至大海。城镇被河道分割，由风格各异的石桥连为一体，传统建筑鳞次栉比，街巷逶迤，家家临水，户户通舟，形成江南水乡城镇独特的“小桥、流水、人家”的自然景观和生活特征。

二、多种文化融合的亦雅亦俗的地方文化

公元前11世纪，吴国建立，其疆域范围覆盖江南水乡大部分地区。2500年前，吴国在角直建造离宫，角直开始发端。吴国戍兵备越，设立乌戍为吴疆越界，乌镇从而源起。吴国兴修水利流经西塘，形成西塘雏形，有吴根越角之称，是吴越相争的边

界。随着吴国的建立，中原文化传播与渗透到江南，与当地文化交流融合，逐步形成了在中国文化史上有重要地位的吴文化。江南水乡地区位于吴文化的中心，吴文化体系中具有突出特点的发达稻作文化、科技文化、手工艺文化、园林文化成为江南水乡地区文化的基础。

宋王朝的南迁，带动了江南地区经济、社会和文化的成熟，江南水乡城镇在这个时期快速发展。发达的经济支撑起兴盛的文化，钟灵毓秀的江南地区一直崇文重教，稻米莲歌，耕桑读律，科名相继，吟咏成风，甚至出现私人藏书文化。历代江南地区鸿儒巨子层出不穷，同里古镇诞生了中国古典园林著作《园冶》的作者造园家计成，乌镇是中国著名文学家茅盾的故里，黎里是民主革命诗人柳亚子的故乡（图 4–4）。江南水乡城镇良好的文化氛围、富裕安定的生活环境、旖旎的水乡风光，历来就吸引了文人名士寓居、游访、授业，吟诵江南水乡风光的名篇佳著构成了中国文学的重要组成部分。

图4–4　黎里柳亚子故居

三、诗意的江南水乡人居环境

江南水乡城镇的形态不是中国传统的规则整齐、讲究对称的布局，而是顺应河道、适应市场的发展，表现出独特的风貌。

江南水乡城镇因水成街，因水成市，因水成镇，经济的因素使江南水乡城镇的空间布局与其主要流通渠道河道有着十分密切的关系，也因为河道形态的不同而呈现出不同的形态特征。江南水乡城镇内水街相依，水巷和街巷是江南水乡城镇整个空间系统的骨架，是人们组织生活、交通的主要脉络（图4–5）。水巷既是水上交通的要道，是城镇与四邻农村、城市联系的纽带，是货物运输的主要通道，也是人们日常生活中洗衣、洗菜、聚集、交流的主要场所。街市则是江南水乡富庶和繁盛的表现，在主要街市两侧，商店毗邻，货物满目，人流来往。由于是步行的交通体系，街市的尺度便显得狭窄而随意，两侧的店铺常常将活动领域扩展到街道上，使整个街市热闹祥和。水路与陆路决定了舟行与步行两种交通方式，互不干扰，而这两种交通方式的交汇点便是桥梁与河埠以及因之而产生的桥头广场与河埠广场，这些节点往往因地处水陆交叉处，是货物集散交易的地方，也是人们活动密度最高的地方，因而成为水乡城镇中

图4–5　河街并行，南浔镇

图4-6　南浔百间楼地段民居

最有活力的场所。

江南水乡城镇的建筑布局和风貌是中国传统的“天人合一”思想和经济作用的完美结合，塑造了中国人理想的“文明、富足、诗意、和谐”的居住环境，在中国规划与建筑史上具有重要的地位和价值。水乡古镇的建筑布局随意精练，造型轻巧简洁，色彩淡雅宜人，轮廓柔和优美。在经济因素作用下，建筑尽量占据沿河沿街面，形成了“下店上宅”“前店后宅”“前店后坊”的集商业、居住、生产于一体的建筑形式。建筑一般尺度不高，天井、长窗使室内室外空间相通，建筑刻意亲水，前街后河，临水构屋，有水墙门、水桥头、水廊棚、水阁、水榭楼台，甚至水巷穿宅而过，形成了人与自然和谐的居住环境（图 4-6）。

与中国其他地域的城镇相比，江南水乡城镇的形成与发展更多地受到了经济因素的影响，并在其独特的地理环境中创造了以“水”为中心的独特的生活环境和生活方式，充分体现了水乡先民勤劳智慧的美德，在中国社会经济发展史上具有重要价值与积极意义。[①]

---

① 阮仪三，李浈，林林. 江南古镇：历史建筑与历史环境的保护[M]. 上海：上海人民美术出版社，2000.

第三节　水乡城镇格局

水乡城镇的形态是开放型的，以便于与周围乡村和其他镇联系，镇以其中心为生长点，沿河道向外延伸，其边界是模糊的，四周与农村地区接壤，离开市镇中心房屋也逐渐稀疏。

江南城镇基本沿着河道伸展，河是江南古镇的命脉。镇与镇、镇与乡之间主要是通过河道联系，而且镇的内部也首先以河作为最主要的交通运输通道。[①]

一、城镇空间特征

（一）带形城镇

由单条河流形成的城镇（图 4–7）。一条河流贯穿镇中，两旁街市林立，镇沿河流呈带状延伸。如绍兴的安昌镇（图 4–8），萧绍运河的支流安昌河由西向东横贯安昌镇，河岸两边店肆林立，形成长达 1.6 千米的细长形古镇。

图4–7　安昌古镇现状肌理图

① 阮仪三. 江南古镇[M]. 上海：上海画报出版社，2000.

图4-8　安昌古镇

图4-9　南浔古镇现状肌理图

图4-10　南浔古镇

（二）十字形镇

由两条“十”字形河道形成的城镇（图 4-9）。十字港或十字街就是全镇的中心，古镇沿交叉的道路或河流向四面扩展。如南浔镇（图 4-10），自西向东的运河与自南而北的市河相交，构成十字港，四周有通津桥、清风桥、明月桥相连，成为商贾云集的水陆码头。运河与南市河、北市河两岸是通衢大街。[①]

① 阮仪三. 南浔：中国江南水乡古镇[M]. 杭州：浙江摄影出版社，2004.

图4-11　甪直古镇现状肌理图

图4-12　甪直古镇

（三）星形城镇

由三条以上河道形成的城镇（图 4-11）。一般城镇形态沿交汇的河流呈放射状伸展，具有较强的向心性和开放性。如甪直镇（图 4-12），南北向的南市河、东西向的东市河与东南、西北向的西市河交汇，镇的形态以三河交汇点为中心呈放射状分别向东面上海、北面苏州、南面周庄的方向伸展。

图4-13　同里古镇现状肌理图

图4-14　同里古镇

（四）团形城镇

由密网形河道形成的城镇（图 4-13）。更大一些的古镇有几横几直的道路或小街，但不像城市那样呈棋盘状整齐排列，街道的走向常常是随势而弯，并不刻意规直，整个镇区也呈不规则的形状。有的古镇用地受纵横交错的河道分割，呈密网形布局。这种城镇水陆交通特别方便，规模较大，经济相对发达，经常是所在地域的中心城镇。如吴江同里镇（图 4-14），镇区被 12 条河分割成 7 个小岛，54 座桥梁又将这些小岛连为一体。

（五）双体城镇

由两块分离但相互依存、有机联系着的城镇用地组成，这是比较特殊的一种形态（图 4-15）。往往是因为在其形成发展中受某些外部条件的影响，形成主、附体依存或双体的局面。典型的例子有乌镇，乌镇原以市河为界，分为乌青二镇，河西为乌镇，属湖州府乌程县，河东为青镇，属嘉兴府桐乡县，后二镇合并成十字形城镇。[①]上海枫泾古镇地跨吴越两界，镇内的界河是春秋时吴国和越国的分界河（图 4-16），从明宣德五年（1430 年）起，枫泾镇就南北分治，以镇中界河为界，南属浙江嘉兴，北属江苏松江。1951 年全镇才统属上海松江县管辖，现隶属于上海市金山区。

① 阮仪三.乌镇：中国江南水乡古镇[M]．杭州：浙江摄影出版社，2004.

图4-15　枫泾古镇现状肌理图

图4-16　枫泾古镇中吴越界碑

二、街市

江南水乡古镇多是四乡物资的集散地，小镇逢单或双日有集市，而在农闲时集市每天都有；大镇的集市有固定的场所，相同的商品集中在一起，四乡农民往往天不亮就起身赶集。如甫里（甪直）八景中就有“西汇晓市”一景（图4-17），想当年东方晨曦微露，西汇河已是篙动橹摇，轻舟集汇，鱼虾满舱，人声鼎沸，场景喧闹。随着贸易的频繁，镇上逐渐形成了固定的街市。①

城镇上的寺庙常有宗教活动，往往在城镇中心有庙会。如甪直镇的保圣寺是唐朝时建造的古寺庙，每逢新正十日，保圣寺场，摊肆林立，百戏杂陈，盛况不让苏州的玄妙观。在乌镇有乌将军庙（图4-18），每年清明节，正是养蚕季节前夕，四乡农民汇集于此，庙前人如潮涌，尤以蚕娘居多，焚香燃烛，祈求“蚕花”丰年。

在镇的中心，除寺庙外还有主要桥梁、大型茶馆等公共建筑所围合的广场，最普遍的是早上的菜市、集市以及庙会的小商品市场。具有代表性的有甪直镇的桥头广场，它在两座桥之间，有宽阔的河埠和两条道路的交会，四方的农民、渔民从船上运来了新鲜的蔬菜、水果，鲜活的鱼虾，在这里摆摊出售，围绕广场四周的是各种商店和市场。此外，如朱家角城隍庙前正对市河小桥，沿河码头和庙门前留出两块场地，成为庙前广场，也是镇的中心。

---

① 阮仪三.中国江南水乡古镇［M］. 杭州：浙江摄影出版社，2004.

图4-17　甪直西汇上塘河

图4-18　乌镇乌将军庙

图4-19　周庄中市街店铺

城镇长久的经济实力是由设在街市上的固定的店铺来支持的（图4-19），这些店铺一部分是来此经商的商人在镇上定居下来，即由“行商”变为“坐贾”而设的，坐贾使得街市具有了居住的功能，出现了前店后宅或下店上宅的形式。此外，另一部分店铺则由本地居民开设，由于城镇的传统生产方式为家庭手工业，使作坊紧附于商店和宅居而形成了前店后坊，可见城镇的街市兼具商业、生产、居住三种功能。

街市的空间形态由河道、街和建筑物组成，三者之间的位置关系表现为店铺有面河与背河两种，不管哪种形式，街巷上的人们总是要与河发生关系，所以在长长的街

图4-20　通往河道的通道，角直镇

巷上，即使用地再紧张，密密匝匝的店铺之间，每隔一段就有一个入河的通道（图4-20），使得街巷能得到水的灵气。

三、河道

河道是水乡人们赖以生存的重要通道，江南地区气候湿润，春夏两季雨多水涨，古镇的河道多与外水相连，其主要功能是排水泄洪，以防旱涝。镇内形成完善的河渠水系，保障古镇不受水患。河道大多是人工修筑，为防止坍塌，两岸砌有陡直的石驳岸，这样也便于房屋直接建在河边。水面与岸沿保持一定的距离，一般为2米，大暴雨时，能防止河水溢上街巷。水乡的水与人民生活休戚相关，更是千百年来城镇得以生存与发展的命脉。

外水经水关入镇后分成几条干河，均匀分布于镇区，并分出许多条与之相垂直的支河覆盖整个镇区。干河可航行三四条船，两干河相交成十字或丁字口，主要的公用码头分布两岸。两支河的间距80～100米，支河宽度约两条船的宽度，大户人家在河边往往辟一回旋处，供停船和船只交会用。开挖支河所取得的大量土方，填高了两河之间所夹地块的地面标高，住宅位于高处，便于地面排水。稠密的河道网不仅便于排水、出行、日常生活的洗涤，而且满足了大量基建材料运输、日常生活供应和废物

图4-21　河道，朱家角镇

运输的需求（图 4-21）。

镇内街道一般顺应河道布局，主街往往与主河道平行，次一级的街巷往往与河道垂直，以使住户能方便地到达水边。水巷与街巷相互补充，形成平行并列的两套交通系统，并以桥与河埠作为水陆交通的联结点，构成古镇的交通体系。水巷对外，舟楫迎来送往；街巷对内，主要为居民所用。陆上交通以轿子、挑担、手推车为主，类似现代城市中“人车分流”的交通规划方式，科学而方便实用。

四、街巷

城镇的道路是分等级的：一等御道，并非所有的城镇都有，青砖排成的人字形路面，是为迎接圣驾、圣谕或钦差的莅临而特地铺设的，作为镇史上荣耀的大事，如苏州东山镇就有此类道路，宽度一般为 6 米，要走车马。二等青石板路，往往是城镇干道，一般宽 5 米，可以供两辆大车并行。三等青砖或方石路，城镇的支干道、大户人家的门口和小广场一般都铺设这种路面，宽 3 ~ 5 米（图 4-22），有的路上有踏级，车不可通行。四等弹石路，为普通街巷的路面，宽度较窄，为 2 ~ 3 米。五等泥路，

图4-22　主街，锦溪镇

图4-23　小巷，甪直镇

是在镇外，村内用石料在路边填砌以固定路形，宽 2 米左右。

沿河街巷是城镇居民日常交流的主要场所，也是整个城镇最为热闹的公共空间，是水乡居民日常生活的重要载体，沿街景致也是水乡生活的一个缩影。水乡古镇内多以河道为中心的狭长形结构，使得河两侧的民居呈南北纵向延伸的格局，建筑之间有狭长的巷弄。巷是居民出入的步行小道（图 4-23），小巷直接与每户居民相连，并且又与镇上的街相接。城镇的巷通常是狭窄的，路面一般宽两三米，最窄的只容一人通过（图 4-24）。在小巷中，由于住宅山墙的夹峙和住宅基地的影响，小巷有转折、收合、导引、过渡的变化。城镇的巷道在大片山墙夹峙下，天空呈窄窄的一线，蜿蜒的石子路延伸到小巷深处。小巷与街道交汇处设有门洞、飞梁，甚至过街楼，以此明确区分内外空间。有些小巷设券门，除有引导限定空间的作用外，大多有对景的作用，如园林中的空窗框景，一般以镇的标志性建筑塔、桥、庙宇、古树、

图4-24 夹弄，黎里镇

街景等为对景。

城镇的街道平直、热闹、开放，而城镇的小巷弯曲多变、安静、幽闭。小巷里有白的墙、灰的砖、黑的瓦、栗色的门窗，几棵老树斑驳的年轮是悠悠历史的见证，残断的围墙上挂着藤蔓，丛竹、水井、半掩的宅门，觅食的鸡群、懒睡的花猫，构成一幅安逸幽雅的水乡风情画卷。

五、桥梁

桥是构成江南水乡城镇独特魅力的要素。桥是镇内水陆交通的纽带，在江南平坦的土地上拱桥隆起，环洞圆润，打破了单调的平坦空间，把水面和陆地紧紧相连。在水乡城镇里，因桥成路，因桥成市，桥使江南水乡的风貌独特而丰富。

江南水乡古镇的桥有拱桥、平桥（图 4–25）、折桥等几种。拱桥的圆孔有一孔、二孔、三孔的不同；而圆拱环孔，也有半圆孔、小半圆孔（图 4–26）、大半圆孔之别。角直的东美桥（又名鸡鹅桥）是一个整圆，在水面上只有一半，还有一半在水下，这种全圆孔使整座桥在结构上更为坚固。

古镇的石桥不仅造型优美，而且融合了工艺技术和文化艺术，往往在桥上刻有楹联，记述史实，状物抒情，意趣盎然（图 4–27）。古时桥的建造往往是民间集资，所以桥之横梁或桥联所镌刻的或是建桥的原因，或是资助者的姓名，用以标前励后。如同里的长庆桥上的楹联是“共解囊金成利济，好留柱石待标题”，说明此桥是众人捐钱修筑的。

图4-25　平桥，西塘镇

图4-26　拱桥，甪直镇

图4-27　桥联，震泽镇思范桥

桥是水陆交通的交汇处（图 4-28），故桥堍及其周围就成为古镇中交易最活跃的地带，南来北往的船舶聚集于此，以桥为中心集散交易货物。如周庄镇的富安桥，桥的四角均建有桥楼，开有店铺、茶楼，是全镇的中心。上海朱家角的放生桥两端，也是全镇最热闹的地方。桥堍白天是最活跃的商业交易场所，遍布摊贩，挤满顾客；晚间则是镇民最喜爱的休憩之所，聚会、谈天、纳凉、品茗。这种时空使用的交错与重叠，年复一年，日复一日，不急不躁，这就是古镇的生活，有张有弛，有序从容，

图4-28　水陆交汇处的双桥，苏州平江路

和谐而充满情趣。

桥上视点较高，视线深远，是镇中较好的观景点。站在桥上，河街景色尽收眼底，桥上有扶栏石凳，是人们逗留小憩的佳处。桥本身也是一处美好的景致，秀水拱桥，石栏环洞，极富情趣。如周庄的双桥，因极富水乡情趣而进入画家陈逸飞的画卷，誉满海内外。

六、河埠

江南古镇沿河都有石砌的驳岸（图 4-29），驳岸的基础用木桩打入河底，上铺盖桩石板，然后再用石筑驳，并留有缝隙可以泄水，也有的用作下水道的出水口。驳岸有供上下船的水埠，在苏州地区称作“水桥头”，在杭州一带称为“河埠”。水埠是江南水乡古镇人们日常生活的公共设施，是取水、洗涤、停泊、交易的场所。为防水淹，沿河建筑的房屋基础总要比河面高出一段，又要接近水面，就要建造入水的踏级，即水埠。这些踏级都是用石板砌筑的，有的凹入墙内，有的临空悬挑，有的靠墙实砌，有的上面有屋顶以遮风雨，有的在接近水面处做成宽绰的平台。驳岸上一般不做栏杆，以便停船操作，也有在水巷转折处，为安全而做了石栏，上凿孔，穿以竹竿、木棍，很有韵味，如周庄的诸家桥下塘。

许多水乡城镇河埠特别密集，样式特别丰富（图 4-30）。从外部形态来分，有淌水式、单落水、双落水，还有悬挑式。淌水式的河埠最为宽阔，石阶与河道平行，七八级、十来级不等，是颇有规模的码头。悬挑式最简便，只在石驳岸边横插五六条

图4-29　河道古驳岸，甪直镇

图4-30　各式河埠头，甪直镇

图4-31　各式船鼻子，甪直镇

石，多为私家使用。单落水可分为两种，外凸式和内凹式，大多在驳岸上凹进或者突出三尺左右，安排上七至九级石阶，远远看去，就像八字的一撇一捺，斜斜地插进水面。双落水的河埠比较复杂，也分为内凹式和外凸式两种，河面宽阔的地段一般采用外凸式，狭窄的多筑成内凹式。双落水很像个“八”字，有正“八”字和倒“八”字之分。

船鼻子在河埠旁的岸壁上，多砌有系船缆绳的孔眼石，因为像绳子穿在牛鼻子上一样，故当地人俗称“船鼻子”。在富有文化情趣的江南古镇里，这些船鼻子也被雕琢成一个个精致的艺术品，有的雕成如意、双钱，有的雕成花瓶中插三支戟的图案，寓意“平升三级”，还有的一排有蒲扇、宝剑、花篮、洞箫……八个图案，这是“暗八仙”，就是民间神话“八仙”手中的法宝，在甪直古镇沿河驳岸上就能找全这些不同花样的船鼻子（图 4-31）。[①]

七、廊棚

在江南水乡古镇，沿街的店户或住户为了扩大活动空间就在门前加一个门廊，这些廊是介于室内和室外之间的一种过渡空间，它可以为房主用，也可以为外人用。有

① 阮仪三.甪直：中国江南水乡古镇［M］. 杭州：浙江摄影出版社，2004.

图4-32 南浔百间楼廊棚

的店户，把货架货摊放到了廊子下，扩大了店铺。住家门前加了廊子，就可以在廊子里做日常家务，孩子们也可以在廊子下玩耍，街道成为自家的前院。人们在廊子下活动会更有安全感，盛夏可以遮阳，雨天可以避雨。

像乌镇、甪直、西塘、南浔等这些古镇，沿河都有廊棚，每家房门外搭一个檐坡，有的立柱，以遮阳避雨。乌镇是檐廊式的，沿街不连续；而西塘却用这种廊棚把全镇所有沿河的路都覆盖了，而且西塘的廊棚有多种样式；南浔百间楼沿河也有廊（图4-32），但这些廊是在两层楼房下的楼下廊，房屋的山墙是廊子的墙，墙洞是圆拱券式样，沿河全是一道道白色的圆拱，横看倒影在河中是极妙的景色，纵看重重的圆拱券富有韵律和节奏，所以百间楼沿河的风光是水乡古镇中最为出彩的美景之一。[①]

西塘的廊棚是最长的，全镇用廊子连接起来，沿河的商店就可以全天候营业，来往的客户也能方便行走，雨天不湿鞋，居民的生活也丰富起来，这种连廊的建造反映了西塘人民的一种公德心，沿河的廊檐下设有坐凳、靠椅，西塘的老人们悠闲地坐着聊天，孩子们在廊子下嬉戏，游客们在廊子里休憩观景，长长的廊棚构成西塘一道独特的风景（图4-33）。

① 丁俊清，杨新平. 浙江民居［M］. 北京：中国建筑工业出版社，2009.

图4-33　西塘廊棚

八、水城门

苏州的水陆城门是江南水乡城门的特色代表。春秋吴国建都期间，苏州古城共建造了八座并列的水城门和陆城门，即娄、齐、葑、阊、胥、盘、蛇、匠八座水陆城门（图 4-34）。如今苏州乃至全国保存最完整的水陆城门是盘门，盘门傍水而建，设在苏州古城的西南隅，且略向东南方向凸出，呈弧形，这一设计除军事防御需要外，还可以防洪，可使洪水绕过弧形城垣转角，顺外城河流去。水城门位于陆门南侧，横跨内濠通向运河的交接处。门洞由三组高低宽窄不一的青石拱券组成，中间夹有一个天井，城门纵深 24 米，前后均置闸门和木栅门各一道。水闸可随时用绞盘升降，以此控制来往船只和城内水位。该水城门外通大运河，内连里城河，是沟通古城西南角内外水路的唯一通道。

城市里硬质的城墙边界在水乡城镇被“软化”为边界象征物——水口、栅门、坊门等。栅门是江南水乡城镇特有的边界形制，栅是设在河中的栅栏，往往在市河连接运河的紧要处，两边钉椿木 3 ~ 4 层，中作水门，白天开启，夜间关闭，是用来防范盗匪的。栅也有以桥的形式出现，故称“栅桥”，桥中间设栅栏，或为闸可上开下闭，或如门状可开启。如周庄，有北栅桥、南栅桥，现尚存北栅桥残迹；乌镇的老镇中心

图4-34　苏州水城门（蛇门）

是十字河，沿河两侧筑屋成沿河街市，也称为东栅、西栅、南栅、北栅；苏州角直镇设置了九座栅桥，控制了通往镇外的主要河道，镇内就非常安全，所以历次战争都未波及。

第四节　水乡传统建筑

江南水乡传统建筑总体风貌表现为：平房楼房相间，山墙各式各样，有层层迭落的马头墙，也有起伏圆润的观音兜，房屋傍水而建，形成小巷中和驳岸上高高低低、错落有致的空间景观。建筑造型虚实相间，色彩淡雅，临河贴水，空间轮廓柔和而富有美感，因此常被人们称为“粉墙、黛瓦、小桥、流水、人家”。

一、建筑形制

江南古镇各种各样的建筑形制，究其原型，有两个主要源头：

一是中国传统的合院建筑。这种以中原文化为特征的居住建筑形式，经由中原文化的南迁而在江南地区广泛生根，其基本形式是以天井为核心，外围封闭、内部开敞、秩序井然的三合院或四合院模式（图 4–35）。外墙的密实封闭是源于对防御的要求，并解决密集而居与私密性要求之间的矛盾；但宅居外围封闭与人们喜爱自然的天性相背，于是在高墙内再创自然——天井，它建立起一个“家”的秩序，也解决了由高密度引起的日照和通风问题。天井上通天，下通地，天井中有的凿有井，有井有泉。中轴对称，秩序井然，反映了宗法家族的礼制观念，深受中国传统文化的影响。

二是植根于江南水乡特殊自然地理环境，适合于多雨湿热气候的楼阁建筑。由于江南河网密布，终年多雨，当地人把防潮隔水作为建筑的第一需要。江南水乡的建筑因地制宜，有众多式样，特别是临水建筑非常独特（图 4–36），如乌镇的水阁和西塘的廊棚，还有供人面水休憩观景的水榭，建有楼层的水楼，夹桥而立的桥楼，仿造舟船的舫楼，沿河停船码头上的水墙门，还有船从家中过的船廊房，等等。①

图4–35　水乡合院建筑，震泽镇

① 阮仪三. 江南六镇[M]. 石家庄：河北教育出版社，2002.

图4-36 水乡临水建筑，同里镇

二、民居

江南水乡一直是全国文化最为发达的地区之一，人才荟萃，因而水乡古镇的许多住户是诗书传家；又由于物产丰富，工商繁盛，这些古镇历来是官宦退隐、富户别墅、学士散居之地。那些有文化素养的人精心营造房舍，一些富绅商贾也常常聘请能人巧匠筹划参谋，所以在水乡古镇留下了许多精美的宅院和典雅的花园。同时这些古镇的民居大多建于封建时代，封建伦理、儒学传统、风水习俗等直接影响着这些民居建筑的空间布局、房舍安排等，如厅堂的主次、前后的序位、主客的区分、主仆的隔离、男女有别以及主人的特殊要求等，在设计上都有独到的手法，这是江南水乡城镇的人文因素、意识形态在具体物质层面上的反映。①

① 陈从周. 苏州旧住宅［M］. 上海：上海三联书店，2003.

图4-37 师俭堂鸟瞰，震泽镇

（一）大型宅院

大户住宅的平面布局是“前堂后寝”制：轴线对称严格，宅院规矩方正，进落有序，一个厅堂一个天井，多进纵向布局，由内到外的空间序列一般是宅门、入口天井、第二道宅门、厅堂、内院天井、堂楼。江南地区大宅的纵向院落称“进”，一进就是一个天井连一个厅堂，组成一组院落。大宅院有四五进以上，多者达七进、九进。横向并列的院落称“落”（图 4-37），由于一户人家的子孙成家，在老宅边又立新居，却仍共用一个大宅门，但每户都自有宅门和入口天井，并通过台阶、地坪的高差，或花窗、漏窗来分隔。房屋之间以天井划分空间，既解决通风、屋面排水和采光问题，又使空间具有一开一合、一阴一阳的明暗变化。主要的院落称“主落”，两旁的称“边落”，有的大宅有三落、五落之多。主落与边落之间有通长的走廊，上面也有屋顶，供用人及家人平时出入使用，称为“背弄”。

大宅门前有照壁，形成入口的序幕。宅门在民间很受重视，俗称“门脸儿”，因此装修得十分考究，常有精美的砖雕门楼。相比之下，入口天井比较简单，或有绿化点缀，或有几座石凳，只是一个过渡，从而突出门楼和内宅厅堂的华丽（图 4-38）。

图4-38　入口天井，震泽镇

图4-39 大宅厅堂，黎里镇赐福堂

图4-40 大宅内院，震泽镇师俭堂

厅堂的主要功能是接待宾客、举行家中的婚丧等重要礼仪活动。一般按纵轴依次为：茶厅，供停轿待茶之用；正厅，接待重要客人，供举行典礼之用（图4-39）；楼厅，供女眷待客之用。

内院天井在每一座建筑前设置（图4-40），它是江南人居家生活不可或缺的一部分。这种露天而又围护良好、与室内空间联系极为密切的内院天井，为人们晾晒、宴饮、聊天、游戏等提供了绝好的场所，使人们既隔离于嘈杂又不脱离自然。还有一些天井小院，小巧却经过精心布置，石案石凳、山石盆景，设在书房前，符合主人清净、高雅的性格。也有将宅外溪水引入宅内厨房前的天井，以供日常生活取水之便。江南湿热的天气需要良好的通风，又要有良好的采光条件，天井就是应这种需要产生并起到很好的效果。在大的厅堂后还设有很小的天井，四面是墙和窗，俗称“蟹眼天

图4–41　大宅楼厅厢房，震泽镇耕香堂

井”，不可通行，只为通风采光，里面有芭蕉，或竹、石，以作点缀。

在住宅的堂前屋后有檐廊（图 4–41），其内侧为住宅室内，与门窗相通；其外侧由廊柱、廊顶以及平台高差界定了廊与外部空间。檐廊在住宅中有很实用的功能：街坊邻居来聊天，在廊下坐坐，不会有在厅堂中的拘束；妇女们喜欢在这里做针线活；雨天，孩子们喜欢在这里玩耍。这些家常的事在厅堂、卧室或室外，都不如在檐廊下来得舒适。此外，檐廊还起到一种联系房室的交通功能，将室内外、各室之间有机地联系起来，雨天在整座住宅里穿行，也不会被淋湿。

江南古镇中还保存有优秀的明代大宅，这些住宅已有三四百年的历史，是建筑中的瑰宝。这些明代住宅建筑有着共同的特点：第一，明代大型住宅的大厅采用大梁面，都呈扁方形状，称为“扁作”，扁作有独木的，也有拼接的，以拼接的居多，而小宅的梁架断面都呈圆形。第二，月梁曲线较长，显得庄重又稳当，柱子都用圆形直柱，上下粗细一致，也有用梭形的，即中间粗两端细，这样的柱子表明建筑的年代更久远。第三，柱础大多为木质，呈鼓形，或以青石为础。木质柱础只有明代才有，是鉴别建筑年代的重要依据。第四，门扇、隔扇图案都用满天星条格，隔扇边梃都取单混压边线做法，简洁洗练，有的窗格上覆以蛃壳片，而清代后的窗格图案要花哨得多。第五，

图4-42　周庄张厅，典型的明代住宅

门楼字枋上很少镌刻题额，梁和脊檩上常有苏式彩画。

江南古镇中保存较好的大型住宅有周庄的沈厅、张厅（图 4-42），南浔的张石铭故宅等。

（二）中型宅院

这类住宅基本依据传统的宅居形制而建，但较之殷实富户要相对简单朴素。一般沿街四开间、两进楼房。沿街的门面是一排门板，其中一开间为大门和过道（图 4-43），往里是一丈见方的天井，天井后正间为客厅，有落地长窗（图 4-44），客厅两厢为餐厅和厨房，客厅后有柴房，楼梯设在厨房前端，楼上并排四间，全作为卧房，房前由一条狭长的走道相连。两进楼房后面，一般还有平房。中型宅院建筑朴实无华，没有砖雕彩画，房屋开间进深均比较窄小，这类普通中等收入人家的住宅，在江南古镇中占有很大的比例。

（三）小型民居

小户人家住宅形制为“暗房亮灶”，这是因为一日三餐是家里的主要活动，人在灶房里劳作时间很长，居室暗些，既有利于睡眠，又有私密性。除了这些实用功能外，还有“亮灶发禄，暗房聚财”之说。古镇中的这类小型住宅平面布局较为随意，一个小天井，两三间平房，住房厨房形式自由、因地制宜，空间利用合理。有的一间居室带一间厢房作厨房，成曲尺形；有的没有厢房，厨房就在门间里；有的没有天井，建筑直接临河（图 4-45）。单厢房在居室之前砌一垛直角围墙，形成口字形小院落，叫“前

图4-43　中宅入口，西塘镇薛宅

图4-44　中宅内院，西塘镇薛宅

图4-45　临河民居，周庄镇

合院”。有的只有居室没有厢房，而在居室后面砌猪圈、禽舍，并用围墙圈起来，这种院子在居室后的叫“后合院”。居室之前砌对称的两个厢房，并设置石库门的住宅称“双厢房”，是小型住宅中的上乘类型。

三、私家园林

“大隐隐于市”，受道家隐逸思想的影响，在江南富裕殷实的古镇上有不少“隐于市”的达官显贵、退居市街的富户行商，他们营建一片城市山林作为休憩养性的居所。中国古代的造园，往往因文人、画家的参与而渗透了浓浓的诗情画意，凝聚了中国人的自然观和人文精神。师法自然，又寄情托性，以叠石、植树、栽花、凿池、设亭、建廊等来组织空间，布置景物，融文学、绘画和各种艺术于一体，以艺术的情思和丰富的想象力再现自然。园林设计运用了中国传统绘画的写意手法，虚虚实实的构图，寓情于景，以小见大，创造了咫尺山林的江南园林艺术风格。江南古镇中著名的园林有南浔的小莲庄（图 4–46），同里的退思园（图 4–47），东山的启园，同里近年修复的耕乐堂，西塘的西园、醉园（图 4–48）以及木渎的严家花园等。

图4–46　南浔镇小莲庄

图4-47　同里镇退思园

图4-48　西塘镇醉园

四、商铺

商业贸易活动是江南水乡城镇的重要职能，所以水乡城镇中商铺建筑比较普遍。古镇的商铺往往是将商店与住宅并用，形成“前店后宅”或“下店上宅”的形制。其次，古镇在开展商业贸易活动的同时还兼顾生产，因而有的住宅需容纳有作坊的空间以作为家庭生产的场所，于是就有了“前店后坊”。江南古镇的商铺不同于城市中的商铺，而是与店主本身的住宅相结合。

图4-49　下店上宅，震泽镇

（一）下店上宅

在一幢楼房里，底层做店堂，上层做住宅（图 4-49）。这类住宅规模较小，因两种功能重叠，节约了用地，故为水乡城镇中沿街临河或前街后河的街坊所广泛采用。因沿街每户不能占街面太宽，所以平面只能与街道垂直，向纵深发展，侧墙均为实墙，以便与邻户聚靠。在许多情况下，每户只有一两个开间，内部采光依靠穿插的小天井来解决。住宅底层临街的房间为店面，临河的房间做厨房、厕所或仓库等，中间部分做起居室或卧室，楼上为卧室。这种平面构成建筑密度比较高，与水陆交通联系方便，内部空间利用率也高。在这种组合方式中，楼梯是建筑空间垂直和水平交通的枢纽，既要走得通，又要不碍观瞻，往往用大商柜来作隔断。

（二）前店后宅（坊）

这类商铺的规模中等，一般有二至三进以上，往往是沿主要市街的一侧建造。因为每户沿街面开间不能太宽，所以平面也只能与街道平直，而向纵深方向发展。一般情况下，沿街的房间是店面，店面的后面则是居住空间或作坊，它们的分合关系有的通过天井分隔，有的用厢房进行连接，即店面的正中或一侧开门或留出通道，以进入后面的建筑部分。商店与住宅的功能相对独立地组合在一起，互不干扰，如周庄的张厅就是这样的形式。“前店后宅”形式多为镇中沿街居民及中等经营规模的店主所采用，而凡属手工业作坊生产商品自销者如食品业、手工工艺、日用杂品及药材加工等，多采用“前店后坊”的平面布局（图 4-50）。

图4-50　前店后宅，震泽镇大顺米行

图4-51　传统商业街，同里镇

古镇上的店铺规模大多较小，许多商品就是手工劳动产品，自产自销，有着浓郁的地方特色，像竹器、木器、铁器、酒坊、酱坊、油坊等，还有工艺较强的车工、木雕、家具、纸品等。古镇上有老字号，有传世老店，也有随着行情的变化而改变经营内容的一般店铺。

古镇街道两侧商店毗邻，每个店铺少则一间，多则三四间（图 4-51）。沿街的店面大部分是开敞式的，店面都是可以装卸的木排门板。早晨开店卸下门板，柜台就沿街而立，尽量接近街上的顾客。封闭式的是药材店、金银饰品店和当铺，沿街高墙只开一个大门，大门内有天井，然后是柜台。沿街的店楼一般通排开窗，窗下木裙板，有的花栏杆，落地长花格窗，用吴王靠作栏杆，很是美观。店楼楼面往往比楼下墙面挑出半米距离，既扩大了楼上的面积，又给底层作了遮阳避雨的檐。古镇的街道给人以亲切、祥和的感觉，店面连着店面，整条街很少有凸出凹进的变化，不栽种树木，石板路，木制门面，木柜台、木栏杆、木窗，出挑的店楼，挂着各式各样的招牌，不同商品的柜台开敞着，商店里散发出各种气味，人声喧嚷，色彩斑斓，呈现出一派温馨而又纯朴的景象。[①]

五、公共建筑

江南古镇中的公共建筑主要有行政性建筑，如衙署；宗教建筑，如庙宇、祠观等；商业性建筑，如会馆、茶馆、酒肆等；娱乐性建筑，如戏台等；文教建筑有文昌阁、书院等，其中尤以茶馆、戏台、会馆建筑更具有地域的特殊性。

（一）茶馆

江南古镇中最多的店铺是茶馆。古镇的茶馆有着交往、休息、娱乐、饮食等多种功能，镇上大型茶馆也是重要的公共建筑。茶馆常位于桥头、河埠头、河的转角、街道路口等水陆交汇处，而这些地方往往就是古镇的中心、最热闹的集市（图4–52）。由于茶馆处于古镇的重要位置，因而成为四乡农民和镇上居民重要的社会活动中心，喝茶不过是各种活动的媒介。有的茶客频繁换座，多是有目的地打听一些情况，或寻求合适的交易对象。有的则长时间围坐一桌，多半是熟人。茶客中农民、渔民在乎集市行情，他们摸清集市价格的涨跌之后，即去集市做买卖，而更多的人在这里休息、谈天、聚会。由于茶馆吸引着镇上各色各样的人，这个中心在那个特定的社区中就具有一定的权威性，因而成为镇上的一个民间“仲裁所”，诸如房屋纠纷、邻里口角等，都到茶馆中去解决。争执双方各陈己见，然后由茶客们评论，最后由镇上德高望重的耆老当面调停，这称作“吃讲茶”。

茶馆还是镇里主要的娱乐场所（图4–53），如听书、下棋、打牌等。有的茶馆设有书场，挂牌请名角演出，老听客们准时前来听书，有时有名气响当的说书先生来演出，茶馆里就会更加热闹。茶馆里或茶馆旁往往开有点心店，各种现做的点心，如生煎馒头、油酥大饼，各式糕团，还有馄饨、豆浆、油条等，及时供应茶客们享用。

---

① 徐苏民等. 苏州民居［M］. 北京：中国建筑工业出版社，1991.

图4-52　临水茶楼，朱家角镇

图4-53　南园茶社，同里镇

图4-54　戏台，南浔镇

早市最为热闹，早茶一般连着早点，茶客们要坐到日上三竿才慢慢地散去。

（二）**戏台**

江南是中国传统戏剧的发源地之一，古老的昆曲就是京剧的前身，越剧也产生于这个地区，其他还有绍兴大板、苏州滩簧、评弹，上海滑稽戏、沪剧等。

古镇人的公共娱乐活动以看戏最为普遍（图 4-54）。节日、各种庆贺活动、宗教活动以及农闲时，就会有专业的或是业余的戏班子登台演出，这是当地镇民和四乡农民最高兴的事。演出要有场地，临时搭台，费事又费料，露天戏台又解决不了避风遮雨的问题，因此公众看戏的戏台就在一些古镇建设起来。清《贞丰拟乘》记载古镇周庄的风俗："二三月间各乡村集名优演剧，从郡城邀至，歌值加倍……三月二十八

图4-55 庙前临水戏台，绍兴安昌古镇

东岳诞演戏后，四月天气炎热，或再演名班，则必搭松毛棚，设桁木，使看戏者不至日曝和拥挤……”

古镇上的道教寺观一般都建有戏台，因为按道家做法事的要求，戏是演给“神仙老爷”看的，所以寺、观、庙堂的戏台都面对主要的大殿，一般就设在山门的后面，戏台前有较大的场地可以容纳看戏的人群，像朱家角的城隍庙就是这样布局的。戏台都做得很讲究，有屋顶、顶棚、栏杆、挂落，雕刻彩画极为华丽，戏台有前台、后台、侧房，满足演戏时的各种需要。大殿前的露台就是贵宾席，届时放置桌椅，供镇上有地位的人士观剧，而一般镇民就在天井里站着看戏。河网密布的江南古镇也常将戏台建在水边，四乡的农民可以划船来看戏，像乌镇的修真观戏台就紧靠在河边，在观的大门外利用街道广场作为观戏的席位，戏台在街上呈“凸”字形，可以三面供人欣赏。

还有一些河道上的水戏台（图4-55），单独建造在河口，专供划船来观戏的人们使用。这是水乡的一种特殊建筑，临水构筑，飞檐敞台，是河上的另一种风景。当年台上琴声锣鼓，河上小舟四集，船上挤满了看戏的人，河里荡漾着涟漪，是一幅生动的水乡风情画卷。

（三）会馆

在一些商业繁荣的城市中，常建有许多会馆，也叫公所。会馆与封建社会的“行帮”有关，由同业或相关的行业组成，也有的是由同地域的经商者组成，用以接待宾客、洽谈业务、照料同乡及举行商业性礼仪和节庆活动等。如手工业行会、商业

图4-56　苏州全晋会馆

行会、陕甘会馆、晋商会馆等（图 4–56）。城市里的会馆为了显示本行会的经济实力，常做得很豪华，而古镇的会馆就显得简朴些。但因其商贸的需要，选址十分讲究，往往是在交通便利、位置显要之处，房屋也造得较为高大气派。古镇上的会馆一般有门厅，一个开敞的院子和大厅以及一些辅助房间，院子和大厅就是经常举行集会和活动的场所。

江南一带土沃桑茂，家家养蚕，户户缫丝，其中一些古镇就成为丝绸集散之地。商贸的发达使较大的古镇出现许多丝业会馆。以南浔古镇为例，湖州地区所产之丝称“湖丝”，湖丝中以“辑里丝”尤为著名，集中出产于南浔镇的辑里村。不少丝行的经营者，由蚕丝的收购出售而成大商，南浔民谚有“四象、八牛、七十二狗”之说。当地人称拥资十万银以上者为“狗”，拥资百万银者为“牛”，拥资五百万银以上者为“象”，这是对富商大小的形象比喻。南浔镇上丝行林立，为丝商活动服务的商会、公所、会馆等商业机构也拥有很强的经济实力，南浔曾有丝业公所、南浔商会、宁绍会馆、新安会馆、金陵公所、福建公所等。

（四）寺庙

江南古镇的庙主要是奉祀天地自然物和祖先、英雄等，如东岳庙、禹王祠、司徒庙等，也有纪念镇之先哲的，如角直的甫里先生祠等。江南好佛法，香火兴盛，其兴衰与佛教在中国历史的沉浮相一致。如角直保圣寺创建于南朝梁天监二年（503 年），

图4-57　保圣寺，甪直镇

是梁武帝萧衍大兴佛教时所建造的“南朝四百八十寺”之一，寺院创建之初，规模极大，占地百亩，约占半个多镇，号称有屋宇五千，僧侣千人，佛事兴盛（图4-57）。苏州黎里镇，清嘉庆年间，镇东西三里半，周八余里，就有寺庙25座，其中年代最早的罗汉寺建于东晋。

在地势平缓的江南地区，高耸的宝塔是丰富古镇轮廓线的重要景物，也是水乡地区行舟的重要标志。塔原先与佛寺同建，又称佛塔，属于佛教建筑。宋以后人们崇尚“风水”，城镇中也有建“风水塔”，属于道教建筑，两者形式相仿，意义不同。“风水塔”又称文峰塔、魁星塔等，这些塔的位置选择很讲究，一般建在古镇外的山腰和水口，意为全镇带来福荫，也造就了古镇的美好风景。

（五）书院

书院是我国古代教育中一种独特的办学形式。书院在宋之前是一种藏书机构，到了北宋，出现了聚徒讲学的教学活动，即书院，兼具藏书与教育两个功能。江南书院兴盛于南宋至明代中叶，较其他地区发达。据地方志统计，明代全国书院的一半在长江流域，江南书院的兴盛，对推动江南文化起着重要作用。书院培养了大批文化名人，如王阳明、黄宗羲等，他们受业于书院，又传教于书院。

中国的藏书之风源远流长，晋以后由于以纸轴为书，藏书始盛。北宋全国藏书以四川、江西为最，南宋则以江浙影响最大。明清两代刻书大盛，因而藏书亦更兴盛。

图4–58　嘉业堂藏书楼，南浔镇

江南藏书的最大特点是个人收藏，并且往往藏书家即为刻书家，两者相辅相成，促进了书业的发展。江南古镇中最著名的藏书楼是湖州南浔镇的嘉业堂（图4–58）和常熟古里镇的铁琴铜剑楼。

六、建筑装饰

江南古镇的建筑装饰体现了实用性和艺术性的结合，充分利用当地材料、工艺和技术的特长，因材施用。建筑装饰一般室内有木雕（图4–59）、石膏花、彩画等，室外有石雕、砖雕（图4–60）、陶塑、泥塑等，各种材料质地形成不同的质感、纹理、韵味，产生各种艺术效果，塑造了极具感染力的空间艺术氛围。建筑作为一门艺术，融汇了各种艺术成就，中国传统的绘画、书法、雕刻艺术在江南建筑形式中得到了充分发挥。如书法和砖刻结合在一起，就有了四字成章的门额，前有题头，后有落款、印章，一应俱全，俨然一条字幅。

图4-59　门楼木雕，震泽镇正修堂

图4-60　砖雕门楼，震泽镇师俭堂

下篇

第五章 水乡园林名城：苏州

苏州是中国著名的历史文化名城和风景旅游城市，是长三角地区重要的中心城市。苏州西抱太湖，北依长江，境内河流纵横，湖泊众多，是著名的江南水乡。苏州拥有悠久的历史和灿烂的文化，自古以来就享有“人间天堂，东方水城”的美誉。苏州古城距今已有2500多年历史，保持着唐宋以来“水陆并行、河街相邻”的双棋盘格局，“三纵三横一环”的河道水系和“小桥流水、粉墙黛瓦”的水乡风貌。苏州园林是人类文明的瑰宝奇葩，苏州古典园林被联合国教科文组织列入《世界遗产名录》，古城内至今有近百处古典园林保存完好，被誉为“园林之都”。苏州在名城保护、宜居城市、生态环境等领域都取得了有目共睹的成绩，先后被评为国际花园城市、国家环境保护模范城市、国家生态园林城市、中国十佳宜居城市等（图5-1）。

图5-1 苏州古城鸟瞰

苏州曾被中央电视台评选为中国最具经济活力的城市，当时的获奖评语写道："一座东方的水城，让世界读了两千五百年；一个现代工业园，用十年时间磨砺出超越传统的利剑。她用古典园林的精巧，布局出现代经济的版图；她用双面刺绣的绝活，实现了东方与西方的对接。"

第一节　历史演变

苏州古老的文明，始于一万年前，苏州太湖三山岛考古发现了旧石器时代人类活动的遗址。商朝末年，泰伯与仲雍避让王位，从陕西千里迢迢南奔江南，在今无锡梅里的地方与当地土著居民建立了"勾吴之国"，吴地文化从此源远流长。

公元前560年，吴国正式把都城迁至苏州。公元前514年，吴王阖闾命伍子胥"相土尝水，象天法地"，建设吴国都城"阖闾城"，即苏州古城。吴国开始"西破强楚，北威齐、晋，南伐越"，显名诸侯，一跃而成为春秋后期的强国。然而不久，越王卧薪尝胆，灭亡了吴国。此后，楚国又灭亡了越国，楚相春申君封于吴。公元前221年，秦始皇统一中国，分天下为36郡，苏州属会稽郡，原吴国故都设吴县，为郡治。西汉武帝时为东南政治、经济中心，司马迁称之为"江东一都会"。

隋文帝统一江南，废吴郡建置，以城西有姑苏山，古城始名苏州，又称姑苏。隋炀帝开通江南运河，凭借着这条黄金水道，江南经济迅速发展，苏州成为东南沿海水陆交通要冲。宋代，全国经济重心南移，陆游称"苏常熟，天下足"。"上有天堂，下有苏杭"的谚语已经不胫而走，而苏州则"风物雄丽为东南冠"。明清的苏州更成为"衣被天下"的全国经济、文化的中心。民国时期苏州一度作为江苏省的省会驻地，民国初期经济一度繁荣。

中华人民共和国成立后，苏州始终作为长三角地区重要的中心城市不断发展，尤其是改革开放以来，城市经济、社会、文化、生态等各方面发展繁荣，经济实力一直为全国地级市之首，居江苏省第一。[①]

---

① 苏州市地方志编委会．苏州市志［M］．南京：江苏人民出版社，1995．

第二节　名城特色

（一）文脉千年延续

吴地文化源远流长，文物古迹星罗棋布，地方文化优秀灿烂，物华天宝，人杰地灵。

吴王阖闾命伍子胥建城至今已2500多年，吴文化一直绵延不绝。苏州是吴文化的发源地，是吴地的中心，苏州文化在整个吴文化体系中最具特色、最有个性，是吴文化最完美、最集中的体现。

苏州物华天宝、人杰地灵，拥有丰厚的文化遗产，遍及物质形态、非物质形态的各个方面。前者如古城古镇、园林胜迹、寺庙道观、街坊民居等，星罗棋布、比比皆是；后者如刺绣、缂丝、红木雕刻、吴门画派、昆曲、评弹等，其门类之齐全、技艺之精湛，至今仍璀璨夺目、尽领风骚。

（二）古城风采依旧

河街平行的城市格局，粉墙黛瓦的建筑风貌，精致典雅的宅第园林，崇文细腻的民风民俗。

古城“三横三直加一环”的骨干水网，小桥流水人家的水乡风貌，河街并行的双棋盘城市格局延续不变；古塔、城墙以及寺庙、道观等大型古建筑构成的古老而美丽的古城立体空间轮廓基本未变；淡雅朴素、粉墙黛瓦的传统建筑风貌独树一帜；历代兴建的众多古典园林、寺庙道观、深院宅第保存完好；长久以来逐步形成的崇文、细腻的民风民俗绵延至今。

（三）山水与城共融

八方湖泊两面山，小桥流水城中牵，古典园林甲天下，人间天堂姑苏仙。

无处不在的水对苏州文化特色的形成产生了深远的影响，千百年来，苏州人的生活和他们的文化几乎都是围绕水展开的。古城、古镇、古村与湖泊山水密切关联，因河成市，形成了前街后河、河街并行、临河成市的依存关系；鲜明的水城特色，在中国城市发展史上具有代表性。苏州园林更是突出和强调了“模山范水”，开创并形成了“真山真水”与“假山假水”之间的高度相融与和谐，是体现苏州精致典雅的城市精神的样板。

（四）人文独具特色

务实的态度，创新的精神，精细的制作，典雅的生活。

苏州人一贯恪守勤奋、踏实的生产、生活之道，不疏不惰，不事张扬。明清时期，苏州成为全国的经济、文化中心；20 世纪 80 年代，成为乡镇企业的发祥地；近三十年来实现了古城保护与新城建设相互促进的城市“双面绣”发展，取得举世瞩目的成就，这些都充分体现了苏州务实的人文精神。

创新贯穿了苏州几千年来的文明史。历史上，苏州园林、传统建筑的营造，丰富多彩的传统技艺的传承发展等，都与创新密不可分。改革开放以来苏州发展取得巨大成就，就在于立足现实，走出一条条符合实际、发展变革的创新之路。

小中见大的造园手法，精雕细琢的传统建筑，技艺精湛的传统工艺，食不厌精的传统美食，无不反映着苏州精细的人文品格。

“山温水软似明珠”的苏州，温和敏行的苏州人气质，千百年来造就出偏爱清丽秀美的审美心态，色彩淡雅的城市建筑、造型玲珑的苏州园林、古朴宁静的居住环境、优雅从容的吴侬软语，反映着苏州人典雅的人文风貌。①

第三节　古城形态

苏州古城以其独特的历史风貌和丰厚的文化底蕴著称于世。公元前 514 年，吴王阖闾命大臣伍子胥建阖闾大城，有水陆城门 8 座，历经两千五百多年，城池至今仍坐落于春秋时代的城址之上，历史学家顾颉刚先生由此评价“苏州城之古为全国第一，尚是春秋物”。刻画苏州古城的宋《平江图》是中国最早的城市平面图，从中清晰可见，唐宋时期的苏州古城已形成了因水成街、因水成市的“水陆平行、河街相邻”的双棋盘城市格局，创建了水陆结合的交通体系，成为中国城市中河网规模最大、河道最密、桥梁最多、布局严正、体系完整的水网城市（图 5-2）。②

苏州古城的格局基本延续了传统城市格网结构的框架，但水系的引入，使城市采用了水陆两套相互交错的格网系统。14.2 平方千米的苏州古城被水陆格网所划分，有序的道路系统与水系格网相结合，水系为脉络，河道为骨架，道路相依附，水路相邻，

① 苏州市地方志编纂委员会. 苏州市志:1986—2005 [M]. 南京：江苏凤凰科学技术出版社，2014.
② 俞绳方. 宋《平江图》与古代苏州城市的规划与布局[J]. 中国文化遗产，2016，1：84-92.

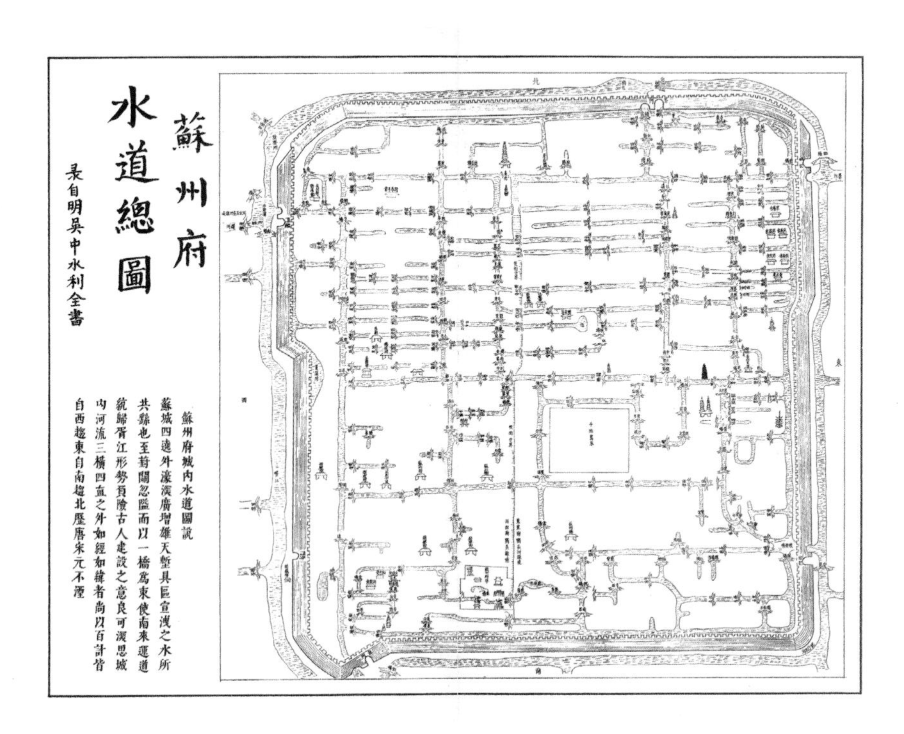

图5-2　明苏州府水道总图

河街并行，形成相辅相成、井井有条、方正端庄的双棋盘格局。两套交通系统发展得都较为完善，都具有相对的独立性，却又相互联系，在功能上相互补充。唐代白居易诗中："半酣凭槛起四顾，七堰八门六十坊。远近高低寺间出，东西南北桥相望。水道脉分棹鳞次，里闾棋布城册方。人烟树色无隙罅，十里一片青茫茫"，就形象地反映了苏州古城的空间特征。

苏州古城的营建总体上遵循礼制，有廓城、大城、子城三重城垣，古城结构继承了经纬涂制，采用棋盘形道路网系统，道路纵横交织划分房屋建设用地，保持了子城居中的传统。从春秋到唐宋元各代，宫城都作为郡治的衙署，始终没有改变位置。同时，苏州古城又结合地形进行了因地制宜的创造。古城平面布局不求方正规矩，城虽呈矩形平面，但并不规则，城垣仅东南为直角，其他三处均斜角，东和西的两面城垣，也随水呈弯曲。寺庙、殿堂、楼阁等高大重要建筑则分散布局。河道、街巷随水势地形直中有曲，有所变化。8座水陆城门也并不如王城之制对称布局，而是因水制宜，与河道的位置、走向相结合。

图5-3　苏州古城现状肌理图

可以说，苏州古城受到《周礼》营国制度、礼制传统的影响，同时也伴随着许多因地制宜的创造，特别是因水制宜的创造。古城总体布局和空间形态是严正、规则、端庄与自由、灵活、曲折相结合。不仅整个城市如此，建筑的布局也如此，大到官署、寺庙、府学等，小到民居都是一脉相承的多样化布局和形态（图 5-3）。[①]

苏州古城的轮廓线也比较丰富，可分为高、中、低、凹四个层次，这四重轮廓线相组合，形成层次丰富，有节奏感和韵律感的空间。高轮廓线由古塔组成，古城内有 4 座古塔，东面是双塔（32 米），南面是瑞光塔（40 米），中心偏北是北寺塔（75 米），四座宋塔造型优美，是城市空间构图的核心，是古城空间的标志和城市艺术的精华，起到控制全城群体空间的作用。中轮廓线由城墙、城门、城楼、殿堂、寺庙、署馆和楼阁等高大古建筑群组成。这些大寺庙、衙署与塔同是城市重要的标志物，主要有玄妙观、无梁殿、府衙等。城门、城门楼常常与古塔、寺庙互视，成为古城的视线走廊。低轮廓线由大量的粉墙黛瓦坡屋顶的进落式低层民居、星罗棋布的桥梁等组成。凹轮廓线则由河道水系的水体空间所构成。[②]

---

① 陈泳．古代苏州城市形态演化研究[J]．城市规划汇刊，2002，5.

② 阮仪三，刘浩．姑苏新续：苏州古城的保护与更新［M］．北京：中国建筑工业出版社，2005.

第四节　城巷河桥

苏州古城始建于公元前514年，迄今有2500多年建城史，是国内最早的古城之一。在漫长的岁月里，城池历经兴衰，城址却依旧固定在原来的位置，为国内外所罕见。早期的苏州城多为土筑，有水陆城门各8座。至五代，改为砖石修筑，里外皆有城壕，规模更为壮观。至宋代，从《平江图》可以看出古城已形成水陆平行、河街相邻、前街后河的双棋盘式城市格局。城河围绕城垣，城内河道纵横，桥梁星布，街道依河而建，民居临水而筑，构成了江南水乡城市的独特景色。

一、城垣

历史上的苏州古城一直都有完整的城墙和城壕相环绕，与周围的郊区和乡村有着明确的界限。早期的苏州城多为土筑，有水陆城门各8座（图5-4）。至五代梁龙德二年（922年），改为砖石修筑，里外皆有城壕，规模更为壮观。宋代因有《平江图》的刻绘，人们对苏州的城市布局有了直观的认识。宋《平江图》十分详细地描绘出城墙和城壕的形态，城四周均有高大的城墙，南北长约9里，东西宽约7里，周长约32里，呈不规则的长方形，有二重城垣及水陆5门。城墙微有曲折，每隔一段距离筑有“马面”，墙顶外侧排列着整齐的雉堞，形象十分鲜明（图5-5）。元末张士诚占据苏州时，在城门外增添了月城，城墙形态更加丰富。苏州古城因有水陆两套交通系统，水

图5-4　苏州盘门

图5-5　苏州盘门段城墙

图5-6 苏州胥门

陆城门并存使城门空间显得丰富与复杂，也创造了独特的城市景观。现在，大部分古城墙已基本不存，只有一些残留的片段，盘门、胥门是保存最为完整的两座古城门（图5-6），另外陆续修复了阊门、平门、相门、蛇门的城门城楼。苏州古城的护城河仍完好保存，成为古城传统空间与新区空间的自然分界线。

二、街巷

苏州城内的街巷道路，具有“河巷相依，纵横有序，脉络分明，双向通达”的特点。城内河道的开凿，限定古城街巷道路的走向，制约屋宇的排列，形成了“人家尽枕河”的水乡风貌。

临河街巷是苏州古城街巷的最大特色（图5-7）。街巷与河道平行，临河处砌筑驳岸，民居布置在河街的两侧。临河街巷多由于河道比较宽敞，且水路交通特别便利，将街巷直接设在河的两岸或一岸，既可以在河道与街道之间直接进行货物贸易，也方便各户取水，因此在河道的两岸多设置公共水埠。临河的街巷旧时不设栏杆，主要是为了方便停船。这种空间比较开阔，层次丰富，再加上人的多种活动，气氛更加热闹。

苏州的街巷由古坊发展演变而来。春秋时，苏州就有作为商业区的“市”，《越绝书》有“阖闾舞鹤吴市”的记述。唐宋为苏州古代街巷发展的鼎盛时期，宋《平江图》最完备地记录了平江城坊建筑的概貌。尽管历史变迁，苏州古城街巷的格局始终未有大变，许多街名一直沿用至今。街巷道路的命名也颇具特色，反映着苏州的历史、风貌与社会背景，含义丰富多彩，用词雅俗兼收。有用历史人物命名的，如干将路、专诸巷、学士

图5-7　苏州平江路河街并行

街、大儒巷等；有以园林、宝塔、寺观等文化性建筑命名的，如网师巷、怡园里、白塔路、塔影弄、观前街等；有用桥梁、河浜命名的，如乌鹊桥路、万年桥大街、渡僧桥弄、枫桥大街等；有以花卉树木、飞禽走兽命名的，如莲花坊、桂花弄、丁香巷、腊梅里、凤凰街、麒麟弄等；还有以旧时街巷内作坊命名的，如枣市街、酱园弄、绣花弄等。

三、河道

苏州自古就是著名的水城。自公元前514年吴国建立都城以来，经过千百年的人工开挖和整治，至唐宋时苏州城内水道体系已相当完备。宋《平江图》精细而详尽地记录了苏州城市河道纵横、遍及全城的独特风貌。据宋《平江图》测算，当时城内河道约82公里，横河直河密集，形如棋盘。据明末《吴中水利全书·苏州府水道总图》，明代城内水道有90多公里。清代据嘉庆年间《苏郡城河三横四直图》，城内河道总长约57公里。民国时期城内河道总长减至40多公里。到目前为止古城内仍保持着“三横三直”较为完整的河网水系，古城内河道总长约35公里（不包括护城河）。[①]

① 《苏州河道志》编写组. 苏州河道志［M］. 长春：吉林人民出版社，2007.

双城门、内外双护城河和城外的河渠，构成水城总体水系结构，综合解决了军事防御、交通运输、生活用水、排水防涝、防火、调节气候、美化景观环境等城市问题，创建了一个有水利而无水害的城市。四通八达的水上交通脉络构成市区的骨架与布局章法，制约道路、宫室与民宅的走向和方位；提水、隔火，利于消防；扩大空间，美化环境；调节气温，改善气候。成为当时非常科学和先进的城市基础设施，即便在今天也仍发挥重要的作用。

古城水系分为护城河、干河系统和支流系统三个层次。护城河由紧匝城周的内外两环组成（图 5-8），宽 80 ~ 100 米；干河系统由三横三直干河组成，河宽 10 多米，对全城起着重要的支撑作用；支流系统由派生于干河的众多横河组成，宽约 6 米，联系着古城内的千家万户。

水巷是苏州古城水乡风貌的代表，是“小桥、流水、人家”的具体表现。水巷两旁不是街道，是行舟的水通道，两侧都是房屋，水与岸的关系是靠水埠。由于河道两岸都是民居，水巷空间显得逼仄紧凑，深邃幽静，又由于水巷不临街，人们只有坐船、在桥上、

图5-8　苏州护城河夕照

在埠头或在临水民居中才能看到水巷的风貌，因此这种空间的出现总能给人新奇感。水巷是旧时民居对外交通的重要通道，是民居的后门，从柴米油盐到蔬菜瓜果的运输买卖，甚至人们的出行都离不开水巷、离不开船。临水的民居都有私家水埠通往水边，即使没有水埠也设有简单的挑板，供取水使用，人们与水巷的关系是非常紧密的（图 5–9）。

图5–9　苏州十全街河道

图5-10　苏州平江河水埠头

四、水埠

水埠是河道空间不可缺少的组成部分，是人通向水面的通道，它使原来整齐的河岸变得丰富，使水陆相互融合。依其功能可分为以停泊为主的和以生活服务为主的水埠，或按私密性可分为公共、半公共和私有水埠。不同的形式、不同的服务对象有着不同的约定俗成。公共、半公共的水埠能建立起一套社会网络，形成使用者间的认同，是良好邻里关系的纽带。如今，公共水埠的交通、交往功能已大大减退，许多水埠已成为历史的纪念和人们观光赏景的场所（图 5-10）。

五、桥梁

水是水乡的灵魂，而水多必然桥多。唐代刘禹锡诗云："春城三百七十桥，两岸朱楼夹柳条。"桥有联系两岸的通行功能，也是街巷、聚落空间的节点，更可以成为人们认知环境的主要参照物。桥时常是视觉景观的焦点，特别是那些造型优美的拱桥，常常为人称道，成为视觉中心，也常作为人们认识周围环境的定位向导，是地段的标志性构筑物，如平江路上的胡厢使桥（图 5-11）、寒山寺铁岭关前的枫桥（图 5-12）。

苏州古城内桥的种类很多，在平面上有平、折形，在空间造型上有平、折、拱形，桥栏杆有石砌、有砖砌，有空、有实，桥洞有单孔弓形、多孔弓形、单方形、多孔方形、折形，等等，如此丰富的元素，造就了各种不同的桥。再加上桥与水埠、水边民居的

图5-11　苏州平江路胡厢使桥

图5-12　苏州枫桥与铁岭关

图5-13　桥头空间，苏州平江路

不同组合，就更形成了易于识别与认知的场景（图 5-13）。桥是水乡生活的重要环节，人们每日行走于其上，船只往返于其下，桥已成为水乡生活不可缺少的一部分。

第五节　传统街坊

坊是中国古代城市用地划分与管理单位，从北宋开始，取消了以封闭的坊墙划分的里坊制，发展出了以街巷划分空间的坊巷制，这是一种以社会的经济功能为基础的聚居制度。以街巷地段来划分居住单位，每个坊巷内不仅有居民宅邸还有市肆店铺，坊巷入口处设立坊牌，坊巷内的道路与城市干道相连通，坊巷之间可以自由来往。

苏州古城在唐诗中有 60 坊的记载，近代则有“三宫九观二十四坊”之说。从 20 世纪 80 年代开始，为更好地保护与规划古城，苏州对 14.2 平方千米的古城区域进行了科学划分，分成大小不等的 54 个街坊（图 5-14），对每个街坊提出保护与发展的控制指标，为全面保护古城风貌奠定了基础，为古城的保护更新提供了重要依据，至

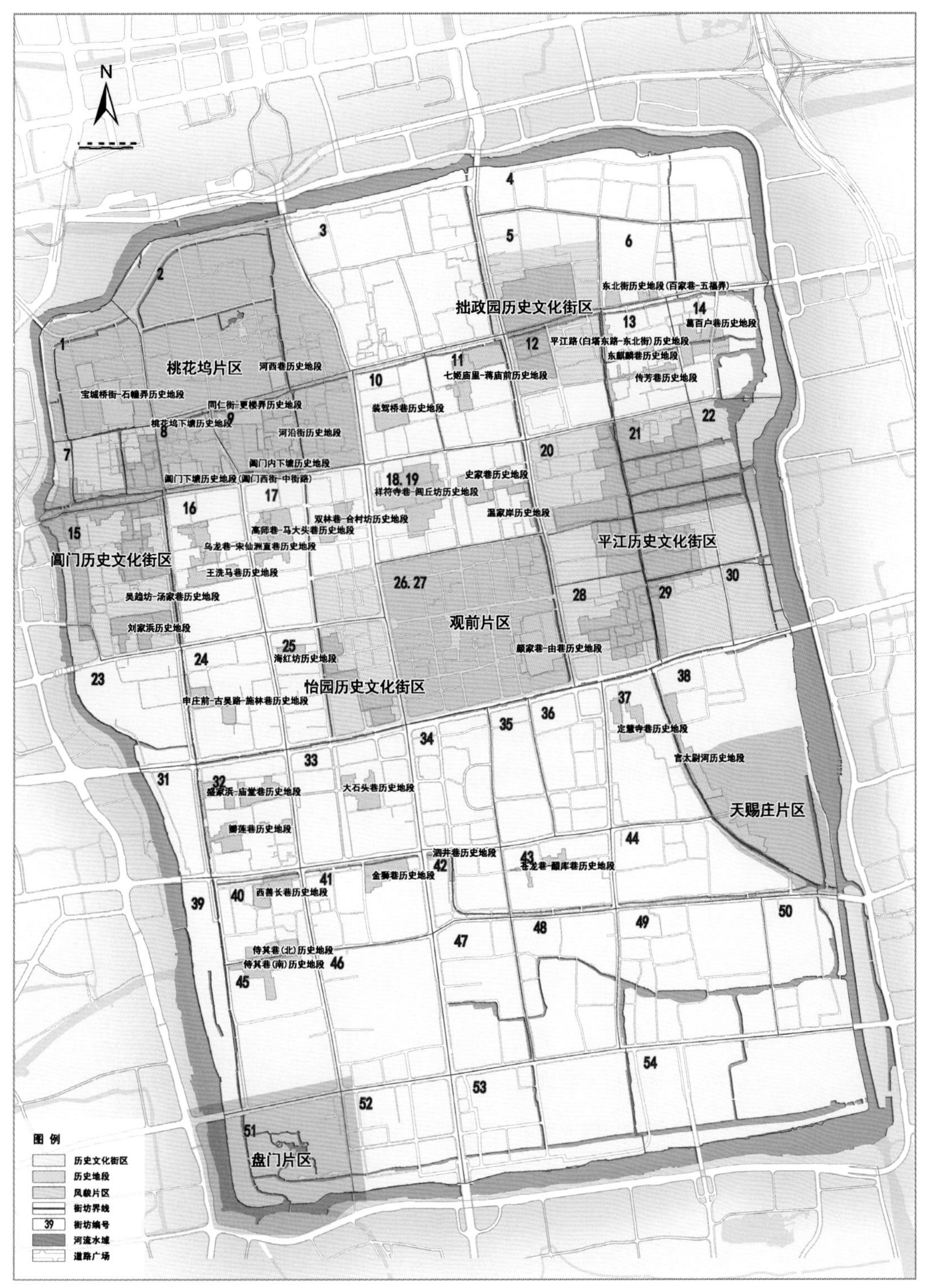

图5-14 苏州古城街坊划分与历史街区分布图

今仍继续发挥着重要的作用。其中最有保护价值与特色的传统街区有平江、山塘、拙政园、怡园、阊门5片历史文化街区，37个历史地段和盘门、观前、桃花坞、天赐庄、西园留园、虎丘、寒山寺7个历史文化片区。

一、平江历史街区

平江历史街区位于苏州古城东北隅,至今保持着完整的河街并行的双棋盘格局(图5-15)，保留着小桥、流水、人家的江南水城特色。历史上，许多名人曾生活于此，聚集了极为丰富的历史遗迹和人文景观。街区内有1处世界文化遗产耦园，全国重点文物保护单位全晋会馆，市级文物保护单位9处，控制保护古建筑64处，以及为数众多的古建筑、古桥、古井、古树、古牌坊等历史遗存（图5-16）。

二、阊门历史街区

阊门历史街区位于苏州古城西北角，街区历史发展“起于军政、兴于运河、荣于工商”。因紧靠大运河，商品运输方便，自古商贸发达。明清时期，包括阊门和山塘在内的地区是苏州重要的货物集散和商业中心，也是清末民初苏州的金融中心。清代《姑苏繁荣图》中对乾隆年间这一地区的繁盛场景做了直观的描绘。街区中的主要街道西中市至今仍然较好地保存着民国时期的商业建筑风貌（图5-17）。

第六节　传统建筑

苏州传统居民，为青砖、粉墙、黛瓦、立帖式砖木结构，楼房一般不超过两层。古城内，河道纵横密布，河街相邻的滨河民居，前庭后院的市民住宅，高墙深院的官绅大宅，百十街坊、千余幽巷，构成姑苏特色的城市风貌（图5-18）。

苏州传统民居的基本单元为“间”，民居多以三至五间的单数横向连成建筑物，并与正面庭院组成“进”，多“进”建筑纵深串联再围以高墙封闭组成“落”，这就是通常所指的“一落多进”的住宅（图5-19），这样的住宅还可横向组合形成“多落多进”的大宅。建筑“进落”是构成苏州古城空间的主体，古城肌理整体感的获得

图5-15　苏州平江历史文化街区

图5-16　烟雨平江路

图5-17　苏州阊门历史文化街区

图5-18　苏州传统民居肌理

图5-19　苏州传统民居进落空间

正是进落空间有机组合的结果。若干“进落”住宅组成住宅组群，若干个住宅组群组成街坊。大户住宅的进落多，而小户则可能只有一进。为了保持各进落之间和厅堂的相对私密性，院落和厅堂侧面的备弄成为联系各个住院的通道。

苏州传统民居的色彩既符合传统等级制度，又因地制宜地发挥地方建筑材料的色泽、质感和特性。从古城整体看，粉墙黛瓦、青灰色与灰黄色街巷路面、河道驳岸、桥梁牌坊与栗色门窗等共同组成了淡雅素净、朴实无华的传统建筑色彩体系。苏州传统民居粉墙黛瓦的色彩基调不是孤立存在的，它与民居的小体量相协调，与民居的轻盈、通透的造型相协调，与民居建筑布局的有序、有致相协调，与苏州烟雨朦胧的气候环境相协调，正是由于建筑色彩与城市布局、建筑造型等众多因素共同作用，苏州古城才显得更有序精致，清新迷人，平静安逸。

从 20 世纪 80 年代开始，苏州在全面保护古城风貌的原则下，从城市街道到街区街坊，从居住建筑到公共建筑，从建筑单体到建筑群体，出现了很多独具匠意的建筑作品，它们鲜明的江南风格和时代特征令人耳目一新，形成一种具有地方特色的“新苏式”建筑风貌。苏州传统建筑语汇的文化内涵丰富，粉墙黛瓦、坡屋顶和各式屋脊、赭色檐口和封檐板等传统建筑细部长期以来形成了较稳定的形象特征。“新苏式”建筑继承和延续了苏州传统建筑精华（图 5-20），广泛运用经过简化和提炼的传统

图5-20　新苏式风格民居

建筑语汇与符号，保持苏州传统建筑所特有的体量不大、造型轻巧、色彩淡雅、幽静整洁的特色，使新建筑的风貌获得了与传统建筑的某种相似感。

第七节　古典园林

苏州园林被誉为“人与自然和谐统一”的经典之作，享有“苏州园林甲天下”的美誉。苏州园林是苏州古城的精华所在和重要特色，故而有“园林之城”的美称。历史上数以百计的古典园林，形成了苏州古城“园林化”的特征，它所创造的人文环境和造园技艺以及丰富多样的审美艺术，影响和塑造了苏州古城的格调、品位和气质。①

一、苏州园林的价值

（一）历史文化悠久

苏州园林历史可上溯至春秋时吴王的园囿，私家园林最早见于记载的是东晋的辟疆园，当时号称“吴中第一”。据《苏州府志》统计，园林有汉代 4 处，南北朝 14 处，唐代 7 处，宋代 118 处，元代 48 处，明代 271 处，清代 130 处，至中华人民共和国成立后 20 世纪 50 年代有园林 114 处。明清时期，苏州是中国最繁华的地区之一，私家园林遍布古城内外，现存的苏州园林大部分是明清时期的。目前苏州古城内保存有园林庭院近百座，其中，拙政园、留园、沧浪亭、网师园、耦园、艺圃、环秀山庄、网师园这 8 座苏州古典园林被列入《世界遗产名录》（图 5–21）。

（二）造园技艺精湛

苏州城内大小园林，在布局、结构、风格上都有自己的艺术特色。产生于苏州园林明清鼎盛时期的拙政园、留园、网师园、环秀山庄这 4 座古典园林，充分体现了中国传统造园艺术的特色和水平。它们建筑类型齐全，保存完整。园林占地面积不广，但巧妙运用了种种造园艺术技法，将亭台楼阁、泉石花木组合在一起，模拟自然景观，

① 陶纪利. 中国历史文化名城苏州［M］. 北京：中国铁道出版社，2007.

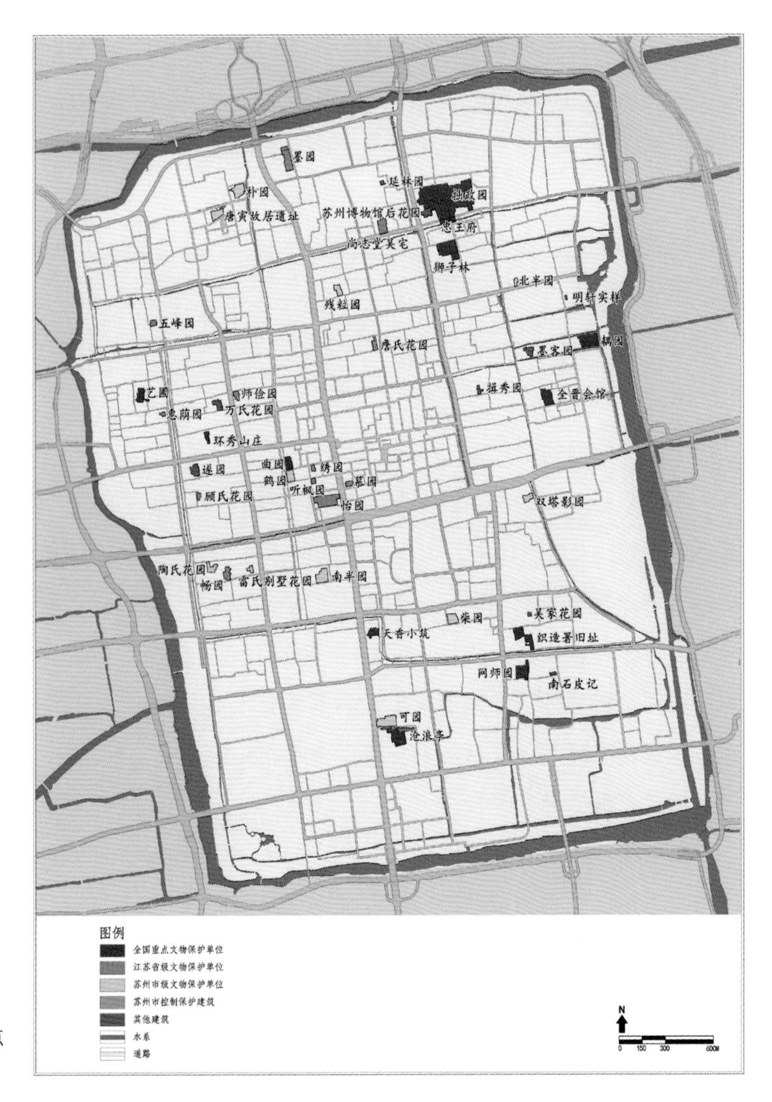

图5-21　苏州古城重点保护园林分布图

创造了“城市山林”“居闹市而近自然”的理想空间。它们系统而全面地展示了古典园林建筑的布局、结构、造型、风格、色彩，以及装修、家具、陈设等各个方面，并带动民间建筑的设计、构思、布局、审美以及施工技术的进步，体现了当时城市建设科学技术水平和艺术成就。在美化居住环境，融建筑美、自然美、人文美于一体等方面达到了历史高度，在中国乃至世界园林艺术发展史上有不可替代的地位。

（三）文化内涵丰富

苏州园林是时间的艺术、历史的艺术，它的艺术感染力既产生于山形、水流、植物等人性化的自然美和建筑美及其与环境的关系之中，还产生于园林艺术与文学等多种艺术相结合的人文美之中。园林本身就是一个丰富的艺术综合体，它将文学、绘画、雕塑、工艺美术以至书法艺术融会于一身，创造出一个立体的、动态的，令人目不暇接的艺术世界。与古典诗词一样，苏州园林在创作中追求的是意境、品位，是物质世界中的精神世界，注重的是寄托、情景交融，最终成为东方园林的典范。①

二、苏州园林的典范

（一）沧浪亭

沧浪亭是苏州最古老的一所园林，它清幽古朴，适意自然，如清水芙蓉，洗尽铅华，无一丝脂粉气息。园林为北宋庆历年间诗人苏舜钦所筑，南宋初年曾为名将韩世忠宅。沧浪亭造园艺术与众不同，未进园门便见一泓绿水绕于园外，漫步过桥，始得入内（图 5-22）。园内以山石为主景，迎面一座土山，隆然高耸。山上幽竹纤纤、古木森森，山顶上便是翼然凌空的沧浪石亭。山下凿有水池，山水之间以一条曲折的复廊相连，廊中砌有花窗漏阁，穿行廊上，可见山水隐隐迢迢。

（二）狮子林

狮子林主题明确，景深丰富，个性分明，假山洞壑匠心独运，一草一木别具神韵。原为元至正年间天如禅师为纪念其师中峰和尚而建，因中峰和尚原住在浙江天目山狮子岩，而园内石峰林立，多状似狮子，故名“狮子林”。

狮子林平面呈长方形，占地面积约 1 万平方米，东南多山，西北多水，四周高墙峻宇，气象森严。狮子林的湖石假山既多且精美，洞穴岩壑，奇巧盘旋、迂回反复（图 5-23）。园内建筑，以燕誉堂为主，堂后为小方厅，有立雪堂。向西可到“指柏轩”，为二层阁楼，四周有庑，高爽玲珑。指柏轩之西是古五松园。西南角为见山楼。由见山楼往西，可到荷花厅。厅西北傍池建真趣亭，亭内藻饰精美，人物花卉栩栩如生。亭旁有两层石舫。石舫北岸为“暗香疏影楼”，由此循走廊转弯向南可达飞瀑亭，是为全园最高处。园西景物中心是“问梅阁”，阁前为“双仙香馆”。双香仙馆南行折东，西南角有扇子亭，亭后辟有小院，清新雅致。

---

① 苏州市园林管理局．苏州古典园林［M］．上海：上海三联书店，2000.

图5-22　沧浪亭入口

图5-23　狮子林湖石假山

（三）**留园**

留园建筑数量较多，其空间处理之突出，居苏州诸园之冠，充分体现了造园家的高超技艺和卓越智慧。原为明代徐时泰的东园，清代归刘蓉峰所有，改称寒碧山庄，俗称“刘园”。清光绪年间为盛旭人所据，始称“留园”。留园占地约 23 300 平方米，全园大致分为中、东、西、北四部分，中部以山水为主，是全园的精华所在。东、西、北部为清光绪年间增修。入园后经两重小院，即可达中部。中部又分东、西两区，西区以山水见长，东区以建筑为主。主厅为涵碧山房，由此往东是明瑟楼，向南为绿荫轩。远翠阁位于中部东北角，闻木樨香轩在中部西北隅。另外还有可亭、小蓬莱（图 5-24）、濠濮亭、曲溪楼、清风池馆等处。东部的中心是五峰仙馆，因梁柱为楠木，也称楠木厅。五峰仙馆四周环绕着还我读书处、揖峰轩。揖峰轩以东的林泉耆硕之馆设计精妙、陈设富丽。北面是冠云沼、冠云亭、冠云楼以及著名的冠云、岫云和端云三峰，为明代旧物，冠云峰高约 9 米，玲珑剔透，有“江南园林峰石之冠”的美誉（图 5-25）。

图5-24　留园小蓬莱

图5-25　留园冠云峰

（四）拙政园

拙政园占地约52 000平方米，是苏州最大的一处私家园林，也是苏州园林的代表作。全园布局以水为主，忽而疏阔、忽而幽曲，山径水廊起伏曲折，处处流通顺畅。风格明朗清雅、朴素自然。

拙政园原为明正德年间御史王献臣所建，几经易手，多次改建，现存园貌多为清末时所形成。拙政园布局主题以水为中心，池水面积约占总面积的五分之一，各种亭台轩榭多临水而筑。全园分东、中、西三个部分，中园是其主体和精华所在。远香堂是中园的主体建筑，其他一切景点均围绕远香堂而建。堂南筑有黄石假山，山上配植林木。堂北临水，水池中以土石垒成东西两山，两山之间，连以溪桥。西山上有“雪香云蔚亭”，东山上有“待霜亭”，形成对景。由“雪香云蔚亭”下山，可到园西南部的“荷风四面亭”，由此亭西去，可北登见山楼，往南可至倚玉轩，向西则入别有洞天。远香堂东有绿漪堂、梧竹幽居、绣绮亭、枇杷园、海棠春坞、玲珑馆等处，堂西则有小飞虹、小沧浪等处。小沧浪北是旱船香洲，香洲西南乃玉兰堂。进入“别有

图5-26　拙政园借景北寺塔

洞天门”即可到达西园。西园的主体建筑是十八曼陀罗花馆和卅六鸳鸯馆，两馆共一厅，内部一分为二，北厅原是园主宴会、听戏、顾曲之处，在笙箫管弦之中观鸳鸯戏水，是以“鸳鸯馆”名之，南厅植有曼陀罗花，故称之以“曼陀罗花馆”。馆之东有六角形“宜两亭”，南有八角形塔影亭。塔影亭往北可到留听阁。西园北半部还有浮翠阁、笠亭、与谁同坐轩、倒影楼等景点（图 5-26）。

（五）网师园

网师园占地约 5 000 平方米，是苏州最精致的小园林，园内亭台楼榭无不面水，全园处处有水可倚，布局紧凑，以精巧见长。

网师园原为南宋史正志万卷堂所在，称“渔隐”。清乾隆年间宋宗元重建，取“渔隐”旧意，改名“网师园”。此后几经易主，乾隆年间归瞿远村，加以改建，遂成今日规模。西楼小山丛桂轩为网师园主厅，轩的南、西为两个小院，幽曲深闭，桂香满庭。轩北有用黄石叠成的“云岗”。从轩西向北，可至蹈和馆和濯缨水阁。水阁悬于池上，倚栏照水，但见波光潋滟，柳暗花明。中部为主园，有池水一泓，清澈如镜。

图5-27　网师园中部池水

环池建廊、轩、亭、榭，夹岸有叠石曲桥，疏密有致，配合得当（图5-27）。池角为园内最小的石拱桥——引静桥。西部为内园，占地一亩，自成庭园。园中有屋宇、亭廊、泉石、花草，体现了苏州庭园布置的精髓。濯缨水阁和看松读画轩隔池相望，是读书作画的场所。月到风来亭和射鸭廊遥遥相对，是观鱼和欣赏水中倒影的佳处。殿春簃自成院落，是主人读书修身之处，环境幽静，具有典型的明代建筑风格。

（六）艺圃

艺圃始建于明代，曾名“醉颖堂”“药圃”“敬亭山房”，清初改称为“艺圃”。园内景致宜人、风格质朴，较好保存了建园初期的格局，以池水、石径、绝壁相结合的手法，取法自然而又力求超越自然，是明代造园家最为常用的布局技法，具有很高的历史与艺术价值。

艺圃占地约3 800平方米，全园以占园五分之一的池水为中心。池水东南及西南两角各有水湾伸出，水口之上各架有形制不同的石板桥一座，使水面显得开阔流动，而无拥塞局促之感。池水之北修筑有以博雅堂为主的厅堂建筑。其南端建有小院，设有湖石花台，院南临池处建有水榭五间，两侧厢房则与池水东、西两面的厢房相连。池水之南有以土堆成的假山，并以湖石叠成绝壁、危径，既多变化又较自然，给人以奇秀之美、山林之趣，堪称园中的主要对景。池水之东有明代修筑的“乳鱼亭”，外有小径与各处相通。池水之西的“芹庐”小院，通过圆洞门与其他景区相隔而又相连。步入院门，即可见到院中小池，似与大池相通，此处理手法为苏州园林的孤例（图 5-28）。

（七）耦园

耦园始建于清初，至清末改称“耦园”。此园因住宅东、西两侧各建有一园，故名“耦园”，且“耦”与“偶”相通，寓有夫妇归田隐居之意（图 5-29）。

耦园三面临河，一面沿街，宅园占地约 8 000 平方米。该园的布局独树一帜，以四进厅堂的宅地为中心，东西两园与住宅之间以重楼相通。东园较大，占地面积约 2666 平方米，布局突出以山为主，以池为辅的特点。主体建筑坐北朝南，是一组重檐楼厅建筑。其东南角有小院三处，总称为“城曲草堂”。西园面积较小，以书斋“织帘老屋”为中心，分隔为前后两个小院，前院有湖石假山逶迤，后院有湖石花坛，园北立有藏书楼，西南角还设有假山、花木、湖石等，意趣盎然。

图5-28 艺圃

图5-29 耦园名联

图5-30 耦园黄石假山

耦园内最著名的景观为“黄石假山”（图 5-30），修筑于城曲草堂楼厅之前。假山东半部较大，自厅前石径可通山上东侧的平台及西侧的石室。假山西半部较小，自东而西逐级降低，止于小厅右壁。山上不建亭阁，而在山顶、山后种植十余种花木，平添一番山林趣味。园内池水随假山向南延伸，水上架有曲桥，池南端有阁跨水而筑，称“山水阁”，隔山与城曲草堂相对，形成了以山为主体的优美园景。

第六章 水乡旅游名镇：周庄

周庄，位于江苏省昆山市最南端。古镇始建于宋，元末江南富商沈万三迁居于此，人丁兴旺，逐步形成市镇。周庄是明清繁华贸易之镇。自宋建镇以来，以水兴镇，以水成市，以水得利，带动了周围农村经济的发展，成为这个地区手工业和商品集散中心。周庄镇以棉布、粮食、竹器、水产为基本行业。周庄的中市街、北市街、城隍庙、后港街等主要街市布满了店铺，每逢集市和节庆，四乡农民齐集镇市，人头攒动，买卖兴盛。镇上开有各种商店和手工作坊，主要街道上有着连排的店面，或前店后坊，或下店上宅。这些街市大多为明清遗存的房屋，呈现出水乡繁华贸易集镇的古朴风貌。[①]

古镇四面环水，由“井”字形河道构成骨架，前街后河，河街相依，傍水建房，架桥津渡。古镇明清建筑，古朴典雅，水、桥、街、屋，布局精巧，旖旎的水乡风光，完整的古镇风貌，淳朴的民俗风情，被誉为“中国第一水乡”（图 6-1）。周庄是国内最早发展旅游的古镇之一，依托历史文化资源，几十年来坚持以保护促发展的理念，形成了古镇保护和旅游发展互荣共生的“周庄模式”，成为江南水乡城镇可持续发展的典范。

---

① 庄春地. 中国历史文化名镇周庄［M］. 北京：中国铁道出版社，2005.

图6-1　周庄古镇鸟瞰

第一节　历史演变

在周庄古镇以北1公里的太史淀，发现有新石器时期原始先民聚居的遗址。春秋时这里曾是吴王少子摇的封地，古称“摇城”。唐代周庄地属长洲县苏台都贞丰里。宋代在这里经农设庄的周迪功郎（佚名），捐田舍宅，建全福寺，百姓感其恩德，改名为“周庄”，这是镇名的来历。南宋时北人南下侨居，人烟渐密。元代中期，江南巨富沈万三之父沈祐由湖州南浔迁来营庄，人丁始盛，遂成市镇。周庄地处府县边隅，四周群湖环抱，河港纵横。镇区北依白蚬湖、急水港，为淞江漕粮北运要道，南衔南湖，古为文人志士隐逸之地。元代居户主要聚集于市河东岸。明代中期，镇址向西延伸发展。至清初，规模日盛，整个市镇以富安桥为中心，有南北市街和中市街两条“丁”字形大街，形成闹市。清至民初，因地处三县之中，商业繁盛，八条长街商贾列肆，货物充盈，“井”字形的水道上，舟船衔接，来往穿梭，成为苏州葑门外一巨镇，以棉布、竹器、粮食、水产为主要行业。明清之际，先后有千总、巡检司、游击营在此驻防设卡（图 6-2）。[①]

第二节　古镇形态

周庄是江南典型的水乡古镇。周庄古镇位于五个湖泊的中心地带，镇北的急水港是联系四省的要道，周庄成为来往船只避风和补充给养的良港。在以舟楫为重要交通工具的年代，商业随着河渠畅通而得以发展，四乡的物资到这里集散，使周庄自 12 世纪以来就人丁兴旺、商贾云集，成为繁荣的水乡都会。周庄镇外湖荡环列，镇内河港交叉，构成“井”字形骨架（图 6-3）。临水成街，因水成路，依水筑屋，前街后河（图 6-4）。风格各异的石桥（图 6-5），将水、路、桥融为一体。镇内的房屋依河排列（图 6-6），鳞次栉比的传统民居，有序的夹河形成水巷。毗连的过街楼、临河水阁、水墙门、水埠、石河沿、驳岸、石栏杆等是最有特色的水乡构件。[②]

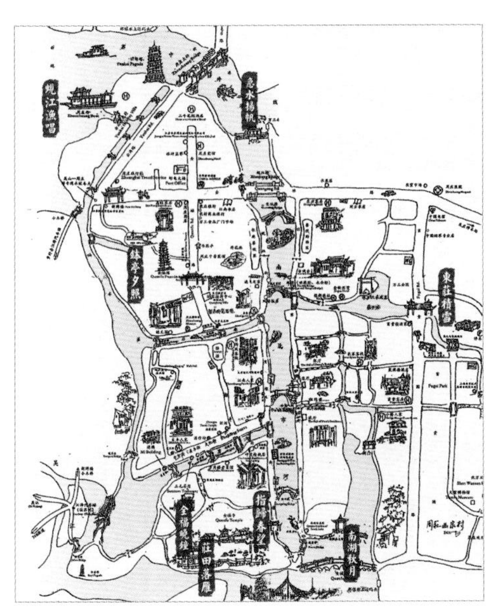

图6-2　贞丰八景分布示意图

图6-3　周庄古镇现状肌理图

① 阮仪三. 江南古镇周庄［M］. 杭州：浙江摄影出版社，2015.

② 《周庄镇志》编纂委员会. 周庄镇志［M］. 南京：江苏人民出版社，2013.

图6-4　周庄中市河

图6-5　周庄蚬园桥

图6-6　周庄传统建筑

第三节　河道桥梁

一、河湖

镇区南北向河道主要有南北市河和寺前港，东西向有后港和中市河，呈“井”字形。南北市河纵贯市镇，流向南湖，两岸房屋鳞次栉比，为镇区主水道。河道上十几座造型优美的石桥，丰富了市河景观。

镇南有南湖，本名张矢鱼湖，俗称南白荡。湖滨茂林修竹，环境幽静。西晋文学家张翰和唐代文学家陆龟蒙、刘禹锡都曾寓居湖滨，钓游于此。“南湖秋月”为周庄贞丰八景之一（图 6–7）。[①]

图6–7　周庄南湖

① 章腾龙. 贞丰拟乘：中国地方志集成乡镇志专辑（第6册）[M]. 南京：江苏古籍出版社，1992.

二、特色桥梁

（一）富安桥

富安桥始建于元代，是江南水乡唯一幸存的桥楼合一的建筑，桥的四角均建有桥楼。每座桥楼有两层，底层就坐落于桥堍，二层与桥石级相连，从楼里跨过桥楼的落地长窗门槛就是桥石，从桥上可方便地进到楼内，下半部是朱栏回廊，上半部是木格花窗，四角飞翘，楼房夹桥。依桥而立，茶楼酒店，尽得地利人气，凭栏闲情，水乡美景尽收眼底（图 6–8）。

（二）双桥

双桥由世德桥和永安桥纵横相接组成，当地居民称之为“一步跨两桥”，于是就有了双桥的称呼。这两座桥一座是拱桥，一座是平桥，桥面又成折线，恰似古代钥匙，故俗称钥匙桥。世德桥跨南北市河，永安桥横穿银子浜，前者为圆拱，后者为方孔，造型别致。双桥建造于明万历年间，至清道光年间重建（图 6–9）。

周庄的双桥，旅美画家陈逸飞以此景作画，画名题作《故乡的回忆》，在美国展出后为石油巨商阿曼德 · 哈默购得，1984 年访华时作为礼物赠予我国。1985 年联合国请陈逸飞设计的首日封也以此画为图案。这一系列作品，从此将此前默默无闻的周庄与双桥带向了世界。

（三）太平桥

在后港和南北市河交汇处有太平桥，始建于明代，清乾隆年间重建。桥身石缝里长着藤蔓，遮掩着石拱洞券，桥旁是沈体兰的旧宅。灰墙面坡屋顶，山墙漏窗，高低错落的民居，清清的流水，是绝佳的水乡风貌取景处（图 6–10）。

（四）贞丰桥

贞丰桥横跨中市河，由于周庄古名贞丰里，以里得名，明崇祯年间重修，清雍正年间重建，是一座花岗岩石拱桥。桥两侧有楼曾是“南社”柳亚子、叶楚伧、陈去病等人聚会的地方，人称“迷楼”。如今贞丰桥、迷楼保存如初，一桥一楼，相得益彰（图 6–11）。

图6-8　周庄富安桥

图6-9　周庄双桥

图6-10　周庄太平桥

图6-11　周庄贞丰桥

第四节 特色市街

周庄镇商业向来比较发达。自元代中期，沈万三随父迁来周庄，兴商业，通货殖，周庄遂由村辟镇。明代中期，周庄为四乡农产品、丝绸、手工艺品等货物的集散转运之地，商贸日盛，已具规模。到清代，以富安桥为中心，中市街及南北市街店铺林立，形成闹市。周庄旧时商业，行业较齐，主要有粮食、棉布、水产、竹器、酒酱、中医药、腌腊、茶业、南货茶食、铜锡等行业。

周庄主要市街铺砌着坚实的石板，下面是架空的，以供排水。两旁的店铺，一家紧挨着一家，大多数是一开间，有的大店占据三四间门面。大部分是开敞式的店面，都用排门板，早晨开店卸去门板，柜台就沿街而立，尽量与顾客靠近，有的货摊、货架也是敞开的，任凭顾客挑选。有的店铺上有楼房，楼层沿街出挑，既可遮雨，又扩大楼层面积。许多商店前街后河（图 6–12），如中市街，尽得近水之便。这些街都不宽，只有 2 ~ 3 米，过去每逢年节或赶集的日子，便显得特别拥挤（图 6–13）。而在平时，不宽的小街，开敞的店面，琳琅满目的货物，店家笑脸迎人，使小镇充满了温馨的乡情（图 6–14）。如今古镇保留了原有街市的空间格局和建筑形态，从中仍可领略水乡古镇的商市风韵（图 6–15）。

图6–12 周庄中市河

图6-13　周庄中市街

图6-14　周庄南湖街

图6-15　周庄后港街

第五节　传统建筑

古镇传统建筑主要建于明清时期。建筑大多数是依水而建，临港背河。建筑格局有深宅大院、前店后宅、过街骑楼、临河水阁、水墙门等。成片的深宅大院内厅堂、幽弄、楼榭布局得宜（图 6–16）。

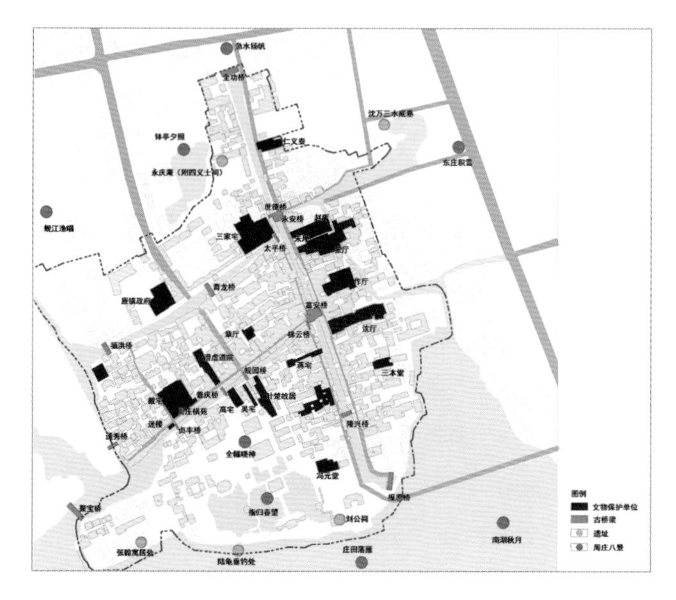

图6–16　周庄古镇文物古迹分布图

一、民居建筑

（一）沈厅

周庄之繁盛与元末明初江南富商沈万三密切相关，沈家的后代在周庄营建了宏大的宅院，人称之为“沈厅”。原名敬业堂，清乾隆七年（1742 年）为沈万三后裔沈本仁所建。

沈厅位于富安桥东堍南侧，建筑坐东朝西，七进五门楼，大小一百余间房屋，占地两千余平方米。沈厅共由三部分组成，前部是河埠头、水墙门，是停靠船只、洗涤用的码头，与中部有街道相隔；中部是前厅、茶厅、正厅，为迎宾、办理婚丧大事和议事之用；后部由大堂楼、小堂楼、后厅屋组成，是生活起居之处。前后楼之间，均由过街道和过道阁相连形成一大圈的“走马楼”，整个楼四周都有走道连通，同类建筑中少见（图 6–17）。

（二）张厅

张厅建筑保存完好，是珍贵的明代建筑，原名怡顺堂，位于北市街永安桥南侧，为明正统年间中山王徐达之弟徐孟清后裔所建，清初徐姓衰落为张姓所有，改称玉燕堂，俗称张厅。张厅前后六进，大小房屋 60 余间，占地 1 884 平方米。整个建筑结构具有“轿从前门进，船从家中过”的江南水乡民居特有风格。沿河临街进门，两侧是厢房楼，楼前设花格木靠栏；第二进为正厅，庭柱为楠木所置，又称楠木厅；厅后几进屋旁有“备弄”前后连通，弄底左侧一池泓水，有河穿屋而过，河上建过河廊棚，廊棚两侧设木椅栏杆，蠡窗映水。窗下临河石驳岸嵌有如意形揽船石（图 6–18）。

（三）叶宅

叶楚伧故居，在青龙桥南（图 6–19）。叶楚伧为著名的“南社”诗人、政治家，自幼在周庄长大。此屋年久失修，仅存前面二进，余已坍圮，1997 年修复。

修复后的叶宅共有四进，坐南朝北，前门临河。首进为门厅；第二进是前厅，又称茶厅，有落地长窗、五架柱梁，枋上木雕花饰有锦鸡牡丹、丹凤朝阳、刘海戏蟾等，这些花饰是典型的明代式样；第三进大厅，上悬“祖荫堂”匾额，柱枋花饰是戏文情节，很精细；最后一进是后厅，是居家团聚用餐处，两厢是厨房和楼梯间，厅后的天井里有花坛和一口水井，井栏由红色武康石凿成，是 12 世纪以前的遗物。大厅和后厅有楼层相连通，是卧室，南北均有通排腰窗，窗棂呈小方格，方格内镶嵌有明瓦片，当地称蠡壳窗。

（四）沈宅

沈宅又名贞固堂，在周庄太平桥西堍（图 6–20），是著名教育家、爱国民主人士沈体兰先生的故居。贞固堂于 1996 年按原样用旧料重修，现一部分辟作沈体兰故居陈列室，另一部分内部增设了现代卫生设施，摆设了传统家具、老式木床、青花帐幔被褥，古色古香，乡情浓郁，作为民居式旅馆接待度假小住的中外游客，极受青睐。这是一幢高围墙三合院里弄式住宅，由于临街街道狭窄，侧向开门，楼下西厢房放宽做成侧厅，可供用餐。正厅面阔三间，前有天井，东厢、正厅进深浅。整幢房屋不大，却显得精巧雅致，房间明亮，天井宽敞。两个厢房屋顶山墙头耸起，与楼层的平屋脊、围墙花漏窗构成丰富的立体轮廓，它和太平桥、富安桥及周围民居，组成一处极富水乡风貌的景观，成为周庄最入画的景色之一。

图6-17　周庄沈厅

图6-18　周庄张厅

图6-19　周庄叶楚伧故居

图6-20　周庄沈宅

二、公共建筑

（一）全福寺

周庄最有名的寺庙是全福讲寺，原在古镇西北白蚬江滨，始建于宋代，里人周迪功郎舍宅为之，后不断扩建，梵宫重叠，楼阁峥嵘，是远近闻名的古刹，20 世纪 50 年代被拆除。20 世纪 90 年代以后，周庄逐渐成为旅游景点，就有恢复全福讲寺的动议，因原白蚬江畔无处安排，就利用南湖池塘地段营造水上佛国。1995 年全福讲寺动工，历时一年余已成规模。新建的寺庙借水布局，大片水池中设五孔石桥，左右钟鼓楼也临水而筑，楼阁殿宇用水来衬托，波光倒影，别有一番意境（图 6-21）。“全福晓钟”为周庄贞丰八景之一。

（二）澄虚道院

又称圣堂，位于中市街，面对普庆桥，建于宋代元祐年间，前后三进。正门、圣帝殿、斗姆殿和指归阁并列。保留的斗姆殿为三开间木构建筑，重檐挑山，翼角翚飞，屋面平缓，飞檐较深，屋脊砖刻图案可辨，青石台基断角崩裂，殿内立柱仍坚定挺立（图 6-22）。

图6-21　周庄全福讲寺

（三）**迷楼**

位于西市街贞丰桥，原名德记酒店。早在20世纪20年代初，南社发起人柳亚子、陈去病、王大觉、费公直等人四次在迷楼痛饮酣歌、乘兴赋诗、慷慨吟唱，后将百余首诗篇结为《迷楼集》流传于世。因此，周庄迷楼名声大振。

经修缮的迷楼仍保持当年风貌，楼面朝南，门扇向河开启，窗沿下是本色的木屏板，楼下白墙板门是沿街的店堂铺面，依水傍桥，令人着迷（图6–23）。

（四）**三毛茶楼**

中市街上有一处“三毛茶楼”，是为纪念台湾女作家三毛来周庄而专设的一处纪念楼（图6–24）。1989年4月台湾女作家三毛不远千里从台湾而来，她带来了远方游子的梦幻和女作家独特的风韵和情怀，与周庄建立了缘分。周庄本地人张寄寒先生写了散文《三毛在周庄》，并与三毛书信往来，一时被传为文坛佳话，然而三毛未能如约再到周庄也成为永远的遗憾。为纪念三毛，1994年张寄寒先生毅然开设了“三毛茶楼”，自称是周庄“三毛茶楼”的楼主。

三毛茶楼沿街开敞的店里放着几张茶桌，明窗净儿，窗户外河缓缓流淌，茶炉上水冒着热气，等着客人冲泡清香的茶汤（图6–25）。墙上挂着三毛的彩色照片、她在周庄的留影以及她写给周庄友人信件的摘句。

图6-22　周庄澄虚道院

图6-23　周庄迷楼

图6-24　周庄三毛茶楼

图6-25　周庄三毛茶楼的茗茶

周庄是名人汇集的地方。著名画家吴冠中先生生前曾经携夫人来到周庄，他说：“这里有更完整、更多样的江南水乡风情，这是我难以忘怀的地方。如果说黄山集中国山川之美，周庄可算集中国水乡之美。”除了创作，三毛茶楼成为吴老喝茶构思作品的好地方，他后来创作的几幅重要的水乡题材作品，如墨彩名作《老墙》、心爱之作《小巷》等都是来自周庄的素材。名人也是一种资源，到过周庄的名人很多，用三毛来作茶馆的招牌也是一种意境，使人联想起文学和作家、水乡美景和茗茶。

第六节　名点佳肴

一、莼菜鲈鱼羹

鲈鱼，周庄人称为塘里鱼。周庄鲈鱼似属紫腮鲈一类，品质较优，用以煮羹，则先洗净，用黄酒细盐稍浸一下，待锅内汤煮沸后，倒入鲈鱼，旺火煮烧，去尽浮沫，再下莼菜及调料，一滚后即可出锅，撒上胡椒粉，淋以麻油，汤清见碗底，莼菜滑爽，鱼肉肥嫩，为菜肴之上品（图 6–26）。

图6–26　莼菜鲈鱼羹

图6–27　周庄三味圆汤

图6–28　周庄万三蹄

二、白蚬汤

将白蚬湖出产的白蚬洗净后置锅中，放入少许食盐，佐以姜、酒，用旺火烧煮，待白蚬开口，撇去浮沫，至汤汁成乳白色，撒上胡椒粉，淋上麻油，蚬肉肥腴，汤汁清鲜。

三、三味圆

俗称汤面筋，用水面筋作皮，馅芯以鸡脯肉、鲜虾仁、猪腿肉加葱、姜、黄酒等调料剁细精制而成，在鸡汤内煮熟，皮薄馅嫩，晶莹剔透，集点心、菜肴、鲜汤于一盆。著名古建筑专家陈从周先生品尝后，即兴挥毫题词："江苏昆山周庄三味圆，味兼小笼、汤包、馄饨之长，天下美味也。"（图 6–27）

四、万三蹄

俗称红烧蹄子，以猪腿为原料，佐以姜、酒、酱油及其他调料，用旺火烧煮，经过焖或蒸，肉质酥烂脱骨，汤色酱红，皮肥肉鲜，肥而不腻，甜咸相宜，香醇味美。原为周庄人过年、婚宴中的主菜，意为团圆，亦为招待贵宾的上乘菜，相传为明初沈万三家待客的必备菜，即"家有筵席，必有酥蹄"，故称"万三酥蹄"（图 6–28）。

五、万三糕

周庄的万三糕已有数百年历史。镇上邹氏家庭继承祖业，生产各式糕点，因用料讲究、品种众多、片薄滑糯、入口即化，深受青睐。邹氏先世早在明初就开设公茂茶食作坊，逢年过节，其邻巨富沈万三家常订购大批糕点赠送和招待亲朋好友，后被传作“万三糕”，邹氏茶食作坊随之有名（图 6–29）。

六、阿婆茶

周庄人喜欢喝茶,历史悠久。中老年妇女轮流做东吃“阿婆茶”,已成为周庄习俗(图 6–30）。喝茶时主人在桌上盛放几碟自制的腌菜、酱瓜、酥豆之类，作为佐茶菜，边喝茶边做针线活边聊家常，成为一种带有温馨家庭气氛的社交方式。

图6–29　周庄糕团

图6–30　周庄阿婆茶

第七章 水乡度假名镇：同里

同里镇地处太湖东岸，大运河畔，是太湖流域典型的水乡古镇，自宋代建镇至今，已有一千多年的历史，被誉为“东方威尼斯”（图 7-1）。同里镇的退思园 2001 年被列入“世界文化遗产苏州古典园林”系列。

图7-1 同里河街

同里镇二十多年来坚持走保护与发展相结合、旅游与民生相结合的可持续发展道路，在保护古镇和提升旅游竞争力的同时，为百姓创造更宜居的生活环境。1 平方公里不到的古镇区，除了要满足近万原住民的日常生活与出行外，每年还要接待数以百万计的游客。同里是苏州市吴江区旅游最有影响力和竞争力的代表，并努力实践从观光型旅游到休闲度假型旅游业态的转变。

第一节　历史演变

同里古镇处于太湖流域，六千年前，这里曾是一片湖沼地。随着渔牧社会向农业社会过渡，先民在此围圩造田，形成了河网密布的自然地貌。唐代初，居民聚居成市，称“铜里”。北宋初建镇改名为“同里”。南宋以后，士绅富户竞相建造私家园林于镇区周围，百姓也开始往该地集中。元明时，镇区逐渐南移至河道更为密集的地址。至明代，官绅阶层建造大批宅第，平民人口也随之增加，基本形成住宅区在北、商业区在南的镇区格局。清代，同里镇区内基本无空地，形成一个完整、繁荣的城镇。至清末，同里镇基本形成了北部沿后港以深宅大院为主，南部沿前港以商贸为主，四周为手工业区，南北之间为平民住宅区的格局。士绅阶层的兴起促使市镇繁荣，为体现官绅文人的地位，居住区和商业区明显分离，这在江南古镇中是比较独特的（图7-2）。①

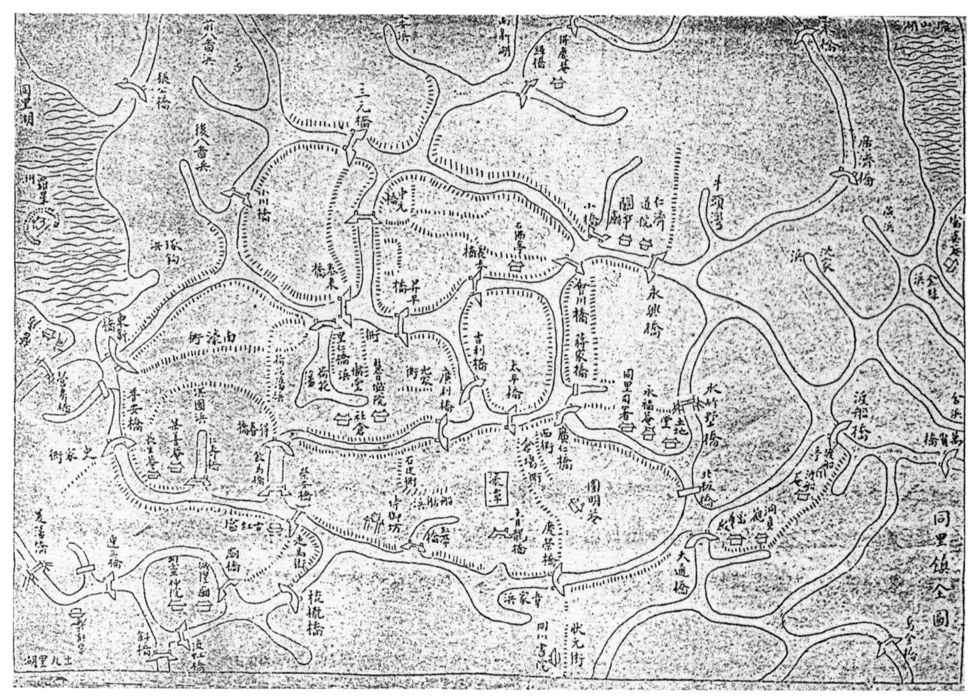

图7-2　清嘉庆同里历史地图

① 《同里镇志》编纂委员会．同里镇志[M]．扬州：广陵书社，2007.

第二节　古镇形态

同里古镇以湖水为依托，原有五湖围绕，是典型的湖沼水乡。五湖为同里湖、南新湖、九里湖、庞山湖和叶泽湖。现还存有同里湖、南新湖和部分九里湖。形成了“诸湖环抱于外，一镇包涵其中”的古镇格局[①]。

全镇圩岛河网交织，圩河共存、岛桥相连的圩岛状水乡城镇格局和河街空间体系将镇区划分为独特的“九圩”空间结构。街巷、民居等均随水系流向和走势布局，房随水应。以河道为骨架，依水成街、环水设市，依水成路，傍水为园。街巷逶迤，沿河两岸，明清建筑鳞次栉比，家家临水，户户通舟（图 7–3）。

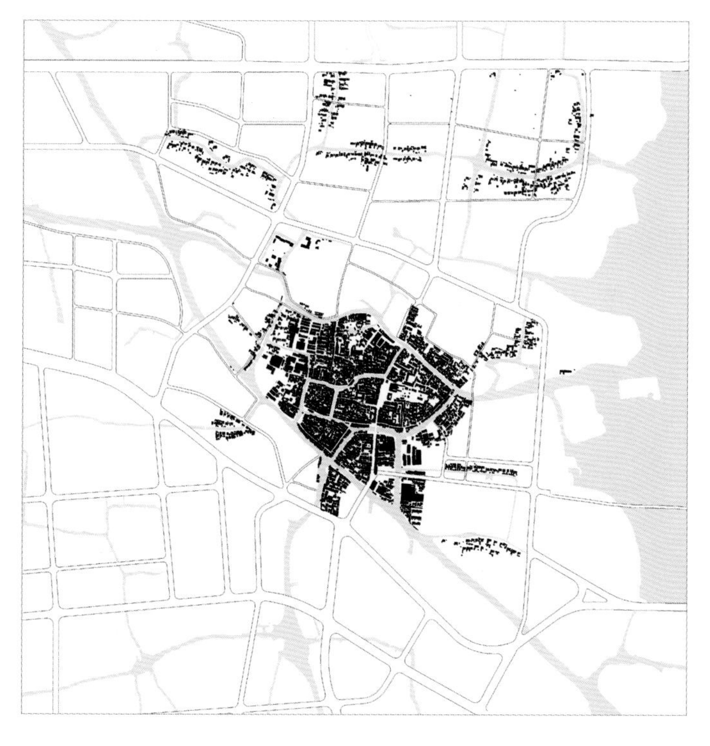

图7–3　同里古镇现状肌理图

① 阎登云. 同里志：中国地方志集成乡镇志专辑（第12册）[M]. 南京：江苏古籍出版社，1992.

第三节　河道桥梁

一、特色桥梁

同里水多圩多，古桥是一大特色。古镇区内现存桥梁共31座，均保存完好，比较著名的有太平桥、吉利桥、长庆桥、乌金桥、富观桥、普安桥等。同里的古桥，宋代和元初均用武康石，元明间用青石（石灰岩），明清以后用金山石（花岗石）。[①]

（一）“三桥”

“三桥”即太平桥、吉利桥、长庆桥。“三桥”跨于三河交汇处，呈“品”字形排列，桥上人来人往，笑语荡漾。水木清华，秀色可餐，人在其中滞虑尽消，这里已成为古镇一道独特的风景。三桥均为石桥，洞孔圆润，造型简洁古朴。长庆桥清乾隆三十九年（1700年）重建，系拱桥（图7–4）；吉利桥1988年重建，系半月形拱桥，桥长7.66米（图7–5）；太平桥清光绪二十六年（1900年）重修，系梁式平桥，桥长12.46米（图7–6）。

三桥由于取名吉利，受到同里人的偏爱，新娘逢婚嫁喜事、老人逢六十六岁生日、婴儿满月等都要“走三桥”，当地有句俗语：“走过太平桥，一年四季身体好；走过吉利桥，生意兴隆步步高；走过长庆桥，青春长驻永不老。”

图7–4　同里长庆桥

图7–5　同里吉利桥

① 阮仪三.同里：中国江南水乡古镇［M］. 杭州：浙江摄影出版社，2004.

图7-6　同里太平桥

图7-7　同里乌金桥

（二）乌金桥

位于同里古镇北埭西段，始建于清咸丰年间，重建于 2002 年，是过去苏州到同里的必经之路，也是古镇的重要入口，俗称“乌溪桥”（图 7-7）。乌金桥系单孔石拱桥，是为当年欢迎太平军到来而赶修的，桥面上可有“马上报喜”图案，以致欢迎之意。

（三）富观桥

位于同里镇仓场弄北部，始建于元至正十三年（1353 年），初名为庆荣桥。明成化二年（1466 年）重建，清康熙五年（1666 年）沈敬宇募资修建，易名富观桥。此桥历代多次修建，构筑石材具有多样性，既留有元代初建时的武康石和明代整修时的青石，又有清代重建时的花岗石，像如此集历代石料于一桥的并不多见。富观桥为单孔石拱桥（图 7–8），南北走向，全长 34 米，宽 2.85 米，矢高 5.1 米，跨径 9.4 米。桥面上北边桥坡中段，建有 4 平方米的平台，东边桥面设有条石坐栏供过往行人休憩。

富观桥是同里最富有神话色彩的古桥，拱券中部有一"鲤鱼跳龙门"的浮雕，画面朴实无华，刀法简洁利落，鲤鱼的形象与众不同，为龙首鱼尾。传说这条鲤鱼在三月桃花水发的时候，乘风破浪奋力跳跃，想跳过龙门脱去凡胎而进入仙界，可就在它奋力跃出水面的时候，桥上走来一位如花似玉的姑娘，鲤鱼凡心一动，结果已跳过龙门的头部变成了龙头，而龙门外的半身仍旧保留了鱼身。

（四）普安桥

位于同里镇区东北东溪街，俗称"读书桥"，又称"东溪桥"（图 7–9）。此桥拱形单孔，南北走向，跨后港，初建于明洪武二年（1369 年），弘治年间（1488—1505 年）重建，现存之桥为清道光三十年（1850 年）重建。桥全长 21 米多，拱券跨度为 7 米，由清一色的花岗石砌成。桥身西侧有一副对联："一泓月色含规影，两岸书声接榜歌。"此联上联所创造的意境，称为"东溪望月"，是同里古八景之一，生动地记录了当时同里人勤学苦读之风。

图7–8　同里富观桥

图7–9　同里普安桥

图7-10　同里蒋家桥

图7-11　同里西市河

（五）蒋家桥

位于古镇区西侧，呈东西走向，是一座单孔石阶石板桥（图 7-10），始建于明景泰中年（1451—1456 年），明成化十三年（1477 年）重建，清乾隆十三年（1748 年）再次重建。

二、河道

同里古镇内圩河共存、岛桥相连的圩岛状水乡城镇格局及河街空间体系极具特色。古镇内圩岛河网交织，由上元、中元、后港等大小 15 条河流呈“川”字形把镇区分割为 7 个圩岛、15 个圩头。圩与圩之间由 40 多座建造于各个朝代、风格各异的石桥连成一体（图 7-11）。

同里著名的丁字市河于清代逐步开浚形成。乾隆六年（1714 年）里人赵植、任德成、陆延聘等募资开浚市河，自东溪桥至富观桥止；乾隆二十八年（1763 年）里人王铨、袁希贤、王士增、范时勉等募资，继续开浚市河自升平桥到漆字圩；嘉庆八年（1803 年）里人王自镐、陈兆、刘守愚、刘德新等募资，西自谢家桥起，东经得春桥及饮马桥至后港，终完成市河开浚工程。1970 年开始，因防治血吸虫病和扩展镇区用地等原因，将北到吉利桥、西到乌金桥、东到东埭北端的市河填没，并拆除了吉利桥、长春桥、升平桥。1997 年重开丁字河，除重建上述三桥外，又增建了泰安桥，移建了乌金桥。相对于河流单一走向的古镇，同里水道多分叉，建筑组团随之变化，形成了许多有趣的转折空间（图 7-12）。[①]

① 阮仪三. 江南古镇同里［M］. 杭州：浙江摄影出版社，2015.

图7-12　同里后港河

三、河埠

同里河埠头材质以条石砌筑为主，形态保存完好，部分依然沿用。靠近民居住宅的河道两侧多为公共的日常河道，河埠头分布密度较高；东埭港和竹行埭一线沿岸多为公共交通和卸货埠头（图 7–13），台阶较为宽阔，便于货物搬运；直接滨水的民居临水建设私人埠头（图 7–14），形式多为一落水，便于交通往来和日常生活（图 7–15）。

第四节　特色街巷

同里的街巷记录着岁月的沧桑。烟雨之中，不仅能感受到街巷的平静，也能透过斑驳的墙面依稀想起那段古老的岁月。同里古镇的主要街巷格局以沿河外街的形式为主，街市主要集中在明清街—东埭—南埭一线。

图7-13　同里南旗杆街公共河埠

图7-14　同里红塔埭私家河埠

图7-15　河埠生活场景

一、串心弄

串心弄是同里幽幽长长的余韵。巷弄曲折幽深，宽度较窄，条石铺装，仅可容一人在其间行走（图 7-16）。它偏于古镇一隅，北起北埭，南至南埭。弄两侧为高院墙，愈显巷弄深邃，穿梭于其间，感受古往今来，千年岁月。

二、明清街

明清街集休闲、购物、游览于一体（图 7-17），沿街两侧分布有商业店铺，售卖各种特色产品，如古玩、丝绸、刺绣，以及鸡头米、袜底酥、猪油年糕等地方特色食品。旧时为古镇重要商业街之一，商业氛围繁盛，前店后宅或下店上宅。起于中川桥，止于东新桥，全长 195 米。

图7-16　同里串心弄

图7-17　同里明清街

图7-18 同里南旗杆街

三、富观街

位于同里古镇区中市河北岸，东起得春桥北堍，西至蒋家桥东堍，全长359米。其中得春桥北堍至石皮弄口名南旗杆（图7-18），长160米；石皮弄口至太平桥北堍名同知衙门，长113米；太平桥北堍至蒋家桥东堍名严家廊下，长86米。街宽4.6～5米，街道原为弹石路面，20世纪80年代后期全部改为小方石“人”字形路面，是同里古镇北侧区域的一条主要街道。

南旗杆之名源于同里建镇后出现了许多官吏、绅士、富贾，其中不乏科举官宦中的佼佼者，纷纷建造宅第园林。凡科举高中后，要在宅第前竖立旗杆，故镇上有南旗杆、北旗杆、东旗杆的街名。

四、红塔埭

位于古镇东北部，东起普安桥北堍，西至永安桥北堍，街全长430米，宽4米。据清嘉庆《同里志·卷四》记载：“古红塔在南秘圩，初为佛幢，位于永安桥附近。”现古红塔已不存，但“红塔埭”的街名沿用至今（图7-19）。

这条街为沿河外街，以水陆并行、河街相邻的特色而著称。南侧临河，北侧东首与史家弄交汇。在此弄内，原有明代顾氏园第，称“梅山”，清代时曾定为同里四景之一，名为“梅山香雪”。北侧西首为北新街，古时为走马街，后为新街，曾经在民

图7-19　同里红塔埭

图7-20　同里南埭

国时建有同里公园，今已不存。红塔埭历来为镇上居民的主要居民区，分布有任氏宗祠、杨天骥故居、慎修堂、庆善堂等古宅院。

五、南埭

清代以前同里古镇的传统商业区主要集中在镇南部的洪字圩（今南埭、东埭）、西柳圩南（西埭）以及竹行埭，至明代中期商业已相当繁荣。南园茶社正是矗立于南埭，每当东方破晓，河埠舟楫争泊，出水鱼虾起市，往来客商云集，恰是一幅生动的水乡晓市风情画。南埭起于南园茶楼，止于会川桥（图7-20），长195米，河街并列，水陆相伴为沿河内街。建筑沿南埭南北两侧分布，南排建筑贴水而筑。明代著名文人吴骥所定“同里八景”中的“南市晓烟”，描绘的就是东埭与南埭会接处南湾塘一带的景色。现在的南埭已经演变成居民区。

第五节 传统建筑

一、名园名宅

（一）退思园

退思园是苏州古城外唯一一座入选世界文化遗产的古典园林，为全国重点文物保护单位。园林不重华丽而求典雅，以写意山水的高超艺术手法，蕴含着浓厚的传统思想和文化内涵（图 7–21）。

退思园是清光绪年间（1885 年），官员任兰生回归故里后建造的一座私家花园，取《左传》中“进思尽忠，退思补过”之意而建造。该园 1887 年完工，建筑面积 2 622 平方米，设计者为同里画家袁龙。

退思园的主要特点是布局小巧玲珑，占地面积仅有 5 674 平方米。建造时园主不讲究园林的气势与气魄，以诗文造园，追求园林的神韵与诗意，各类建筑布局力求精致与玲珑，品位清淡素朴。全园采用横向布局（图 7–22），风格独特，一改以往园林纵向布局的格局，由四组不同风格的建筑群组成（图 7–23），自西向东，分厅堂、内宅、中庭、花园。整个园林亭台楼阁齐全，集古典园林之精华。

图7–21 同里退思园

图7-22　同里退思草堂外景

图7-23　同里退思草堂内景

（二）崇本堂

崇本堂原为同里富商钱幼琴宅第，位于富观街长庆桥北埦（图 7–24）。房屋坐北朝南，面水而筑，为三开间五进建筑，由门厅、正厅和堂楼组成。该堂占地虽不足 666 平方米，建筑体量不大，但布局紧凑（图 7–25）。门厅、正厅和堂楼之间均有封火墙分隔，门厅东侧辟有一条狭长的备弄，串联每进房屋院落。崇本堂以其雕刻而著称，堂内拥有各种传统风格的雕刻，图案有的象征“富贵平安”“多子多福”，有的暗喻“比翼长春”“喜上眉梢”。

图7–24　同里崇本堂入口

图7–25　同里崇本堂内院

（三）嘉荫堂

位于竹行街 125 号，建于民国 11 年（1922 年），为柳炳南建造，作其宅第（图 7–26）。嘉荫堂建筑由前厅、中庭、后楼三部分组成，坐北面南，临水而建。平面呈折线式，顺应河道走势。建筑构造精巧，雕梁画栋，尤以梁下“纱帽翅”（即棹木）

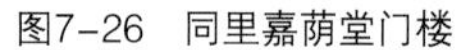
图7-26　同里嘉荫堂门楼

图7-27　同里嘉荫堂花园

以透雕形式解构《三国演义》中的情节最为有名。建筑室内空间丰富，明间屏门挂有字画联匾。堂名“嘉荫”，源自《国语·楚语下》：“玉足以庇荫嘉谷。”置身其中，近可闻风声、水声、鸟叫声，远可观小桥驳岸，老树苍翠（图 7–27）。

（四）耕乐堂

位于上元街 127 号，为处士朱翔世居宅第，重建于清代，1998 年修复（图 7–28）。建筑不重华丽而求典雅，具有文人建筑的特点，体现独特的江南地区士绅文化。耕乐堂是传统的前宅后园布局，前宅由门厅、正厅、堂楼组成，后园由荷花池、三曲桥、三友亭、曲廊、鸳鸯厅、燕翼楼、古松轩、环秀阁和墨香阁组成，园西还有西墙门，是典型的明清宅第，占地 4 268 平方米（图 7–29）。初建时，共有五进 52 间，后历代兴废，已非原制。现有三进 41 间，有楼、园、斋、榭、厅、堂、楼、阁等。

（五）留耕堂（王绍鏊故居）

留耕堂位于南旗杆富观街 35 号（图 7–30），始建于清康熙年间。共有 3 组房屋，占地将近 10 亩，每组五至七进，3 组房屋东部各有一条备弄，分别称为东弄堂、中弄堂和西弄堂。

留耕堂是近代著名社会活动家王绍鏊故居，王绍鏊在此出生、居住和求学。现建筑群的一部分为王绍鏊纪念馆，纪念馆通过实物、绘画、图片再现王绍鏊生平（图 7–31）。

图7-28　同里耕乐堂匾额

图7-29　同里耕乐堂花园

图7-30　同里留耕堂入口

图7-31　同里留耕堂院落

图7-32　同里南园茶社

二、公共建筑

（一）南园茶社

同里镇内分布有许多茶楼，尤以南园茶社最为有名，是静享曼妙度假时光的好去处。茶社位于同里古镇南端的小菱湾（图 7–32）。坐于茶楼，倚窗品茶，临河看景，聆听几段江南小曲，品味古镇百年历史与水乡风情。茶楼始建于清末，坐北朝南，两层木构建筑，占地面积 305 平方米，为典型的南方商用小楼，南面为三开间，北面为七开间。旧时，陈去病、柳亚子等一批进步青年，时常聚首于此。南园茶社秉承了南社的文脉之气，直至今日，也是备受文人雅士的青睐。

（二）太湖水利同知署

位于富观街，旧时为太湖地区最早的流域性治水管理机构，是国内现存极少的治水机构遗迹，对研究太湖水利及专业衙署发展历史具有重要的实证价值。一期修缮工程于 2016 年完成，修缮后的第六进古宅作为“太湖水利展示馆”向公众开放。该建筑的修复对国内衙署规制、太湖水利历史研究具有较大的实证参考价值（图 7–33）。

（三）丽则女学

丽则女学紧邻退思园，光绪三十二年（1906 年）由退思园第二代主人任传薪创办，开创了吴江女子教育的先河。丽则女学教学大楼为歇山顶，清水砖垒砌，屋面铺小青瓦，出檐有飞椽，灰缝以石膏嵌线，楼窗均饰花纹，底楼建拱形门柱走廊，二层北侧有通长阳台，白石膏镶护栏。这种规模较大的中西合璧建筑在当时国内乡镇中实属罕见（图 7–34）。

图7-33　同里太湖水利同知署

图7-34　同里丽则女学

第六节　特色客栈

一、花间堂

位于同里镇东溪街，由古风园和丽则女学两部分组成。丽则女学修旧如旧，延续百年校舍风貌，建筑雄伟挺拔、秀丽精致。歇山顶，飞椽出檐，青瓦铺面，清水砖砌。丽则女学部分以琴棋书画、养生等为特色进行功能设置，营造浓郁的民国人文氛围；古风园部分在保留传统园林布局的同时，引入荷叶元素，营造江南氛围（图7–35）。

二、隐庐同里别院

隐庐同里别院位于同里镇三元街，原址为“庞宅”，为四进三院的老宅，建筑修旧如旧，修葺痕迹记录了这里的岁月沧桑，精心保留历史建筑的构造和空间格局，植入符合现代人生活习惯的元素，赋予旧宅以全新生命（图 7–36）。客栈整体风格低调而不张扬，移步异景，宅内为新中式风格。入住游客不仅可品尝时令的“24 道同里滋味”，还能品茶、打太极、做瑜伽，体验“大隐隐于市”的生活意境。

三、晴澜堂

在明代同里八景中，“九里晴澜”就是八景之一。站在“晴澜堂”的原址看九里湖，天晴波澜缥缈，因此得名为“晴澜堂”。现在的晴澜堂是在古建废墟之上重做的民宿，原木色系老式家具搭配青石砖，颇有简约的新中式风格。

作为隐庐系列精品酒店中弘扬书院文化的代表，晴澜堂似文人雅士“小清新”的桃花源。晴澜堂共有 13 间客房，整个院落围绕三棵古树而建，配有一间跃层的隐庐书苑，此外还有茶室、隐庐铺子和禅修室（图 7–37）。

图7-35　同里花间堂

图7-36　隐庐同里别院

图7-37　同里晴澜堂

第八章 水乡休闲名镇：西塘

西塘，属浙江省嘉善县，地处江浙沪三省交界处，有“吴根越角”之称。元明时期，凭借鱼米之乡的经济基础和水道之便，西塘已经发展成为手工业、商业重镇。古镇地势平坦，河道纵横，处处碧波荡漾，户户人家临水，保存着完好的明清建筑群落，以古桥多、巷弄多、廊棚多而闻名。

这里粉墙黛瓦杜鹃红，这里长廊临水映清波，这里弄堂深邃富诗意，这里善酿黄酒醉人心。西塘的文化内涵不仅仅体现在建筑上，还蕴含在生活中。走进西塘，画船摇橹，青砖黛瓦，游客和原住民一起在春日的暖阳中徜徉，这是“生活的”西塘最大的魅力所在（图 8-1）。[①]

图8-1　西塘古镇

① 刘海明. 中国历史文化名镇西塘［M］. 北京：中国铁道出版社，2005.

在古镇核心景区，有餐饮、住宿、娱乐、购物等经营户1 500余户，大小民宿629家，为当地居民提供了很多创业、就业、增收机会，让旅游发展的成果更多更好地惠及当地百姓，提升了老百姓的获得感。2017年，西塘共接待境内外游客918万人次，全年实现旅游相关收入达26亿元，古镇居民年可支配收入超过6万元，切实享受到了“旅游红利”。

第一节　历史演变

西塘历史悠久。春秋时期，吴国伍子胥屯兵西塘，兴水利，通漕运，开凿伍子塘，引胥山以北之水直抵境内，故称胥塘。又因地势平坦，一马平川，别称平川、斜塘。唐代已建有大量村落，人们沿河建屋、依水而居。南宋时村落渐成规模，形成市集。元代开始依水而市，渐渐形成集镇，商业开始繁盛起来，称斜塘镇。明代建市镇，明正德年间始称西塘镇，界永安、迁善两乡。清乾隆年间，镇区设县丞署。明清时期，西塘乡人众多，贸易频繁，镇区有商户470多家，手工作坊170余家，成为江南水乡手工业和商业重镇。“春秋的水，唐宋的镇，明清的建筑，现代的人”是对西塘历史演变的形象概括。①

第二节　古镇形态

西塘地势平坦，河流密布，有9条河流在镇区交汇，把镇区分成8个板块，而24座石桥又把古镇连成一体，素有“九龙捧珠”“八面来风”的格局之誉。西塘古镇核心形成“丁”字形河道骨架，南北为市河，东西为杨秀泾。西塘古镇便依附于这个“丁”字形骨架，向外延伸，形成现有的河道与街巷格局（图8-2）。

河流在古镇肌理形成过程中起到了关键的作用，主要街道与主要河道平行，主

① 《西塘镇志》编纂委员会. 西塘镇志［M］. 北京：中华书局，2017.

图8-2　西塘古镇现状肌理图

街沿河顺势而行，主要承担商贸与交通作用，次一级街巷和一些枝状或者环状小径则延伸到街坊内部，古镇空间层次结构清晰，有明确的序列感和导向性。西塘街市肌理与形态特征表现为面河式，主要有一河一街、一河两街等空间形态，此种模式多由于河道比较宽敞，且水路交通特别便利，故将街市直接设在河的两边或一边，可以在河道与街市之间直接进行货物的贸易和交换。为便于水陆客货的转运，在河道两旁一般均有许多公用的码头，商店沿街平行展开，空间比较开阔，两边的建筑物可以是上宅下店，或前店后宅，建筑院落具有较大的纵深（图 8-3）。

图8-3　西塘南市河

古镇内保留了众多明清至民国初年的传统建筑，街衢依河而建，民居依水而筑，有古桥多、巷弄多、廊棚多的特点。西塘的廊棚，是古镇特有的水乡景观。木柱沿河而立，架起简单的木屋架，铺有瓦顶，遮阳避雨，沿河沿街绵延千米，覆盖了小镇主要的沿河街道。廊棚作为沿街建筑的延伸，作为悠悠河流的傍依，充满了浓浓的人情和乡情（图 8-4）。[①]

图8-4　西塘传统民居

第三节　河道桥梁

西塘古镇河道纵横，“丁”字形河构成了古镇核心区的空间骨架，南北叫西塘市河，东西称杨秀泾，河面开阔，拱桥高驼。其他河道有乌泾塘、六斜塘、烧香港、里

① 阮仪三.西塘：中国江南水乡古镇［M］. 杭州：浙江摄影出版社，2004.

仁港、来凤港、十里港、三里塘等，都交汇在“丁”字形市河河道上。这些称为港、塘的河道都是过去来往商舟渔船停泊卸物的地方，可以想象当年的风光和繁盛景象。

一、河道

西塘市河，全长 830 米，宽 12 ~ 18 米，位于镇区中部，为“三横一纵”古镇水网格局中的南北向水系，是构成西塘水路的重要组成部分。塔湾、杨秀泾、里仁港、烧香港均汇水于此。市河从北至南分为北塘、中塘、胥塘、南塘四部分。其上石桥林立，卧龙桥、安修桥、万安桥、安镜桥、胥塘桥、安仁桥等桥梁将水岸东西两侧相连。

市河两岸商铺沿河绵延，是构成西塘古镇风貌的重要载体（图 8-5）。市河西岸以永宁桥、胥塘桥分成北栅街、明清街、南栅下街三部分，北栅街沿河而走，西塘著名的宅弄四贤祠弄在中部与之相连。市河东岸以里仁港、烧香港分成椿作埭、北塘东街及南塘东街。市河两岸或临水而筑，或廊棚百里，构成了西塘古镇特有的景观。河埠沿河分布，或直落水，或单侧落水，或双侧落水，缆船石多与河埠相近，系船舶停靠之用。旧时市河入镇处设有东、西、南、北四栅。现北塘及中塘有游船水路，供游人登船揽胜，体味江南水景。

图8-5　西塘西塘港

二、特色桥梁

西塘的河长、路长，水陆交会处就有桥，河多桥也多，全镇共有桥梁 104 座，其中镇区 27 座。桥梁造型最常见的有拱桥、平桥、折桥三种。这些古桥桥梁工艺精湛，至今保存完整。

西塘的石桥是古镇历史的见证，也是江南水乡风光的精华之处，它那高高的驼背，走过多少行人，它那圆圆的拱环，圈点一方秀色。在舟船通渡的年代，桥梁就是水乡城镇联系各处的纽带，人们建桥、爱桥、颂桥，留下无数诗章华句。

（一）卧龙桥

镇上最高的桥是卧龙桥，位于北栅市河口，系单孔石拱桥（图 8–6），全长 31.46 米，宽 5 米，高 5.5 米。据史料记载，卧龙桥最初是建于明代的小木桥，每逢雨天行人一不小心就会滑倒甚至落水而亡。清康熙年间，桥旁居住一位姓朱的竹篾匠，生性善良，立志募捐造桥。无奈力量微薄，别无他法，他只得削发为僧去化缘，取名广缘，苦行奔走十余年，终于募得白银三千余两，于康熙五十五年（1716 年）开始动工建造石桥。广缘和尚因化缘积劳成疾，未等石桥完工就得病而死。镇上居民被其事迹感化，纷纷捐助，不久就将卧龙桥建成。到清咸丰年间，太平军攻占嘉善县城，在西塘与清军争战，传说太平军首领忠王李秀成曾在卧龙桥上指挥督战。

（二）五福桥

到明代，西塘商业繁荣，行旅云集，为附近一带交通枢纽，镇上石桥越造越多，明代后期全镇共有桥 13 座。留存至今的是五福桥，建于明正德年间，修于清光绪年间年。据说，从这桥上走过的人会带上五种福气，分别是长寿、富贵、康宁、德行和善终。五福桥位于烧香港，是单孔石级桥，桥长 14 米（图 8–7）。

（三）送子来凤桥

镇上最有名的桥是送子来凤桥，位于朝南埭廊棚，水上戏台对面。此桥为廊桥（图 8–8），始建于明崇祯年间，清康熙年间重修。桥为复廊形式，桥面中间用漏花墙相隔，桥南一半为踏级，桥北一半为斜坡。男子走桥南从业步步高升，女子走桥北持家稳稳当当，新婚夫妇走一走，南则送子，北则来凤（女）。乡人随俗更喜此桥，久而约定俗成，婚后求子、求女各择其道，男欢女喜各取所好，此桥因此也成为一处饶有趣味的游览之地。

图8-6　西塘卧龙桥

图8-7　西塘五福桥

图8-8　西塘送子来凤桥

此外，安境桥和永宁桥呈“丁”字形各跨于西塘市河及朝南埭、杨秀泾之上，成为镇上交通中心，也是最佳的观景点（图 8-9）。

图8-9　西塘永宁桥安境桥节点

第四节　特色街巷

一、西街

西街是古镇东西走向的主要街道（图 8-10），分上下两段。西街是极为典型的水乡街道，它的最小宽度仅供农民挑担换肩，即一根扁担的宽度。由于临街房屋二楼以上常常出挑，两两相对的楼屋近在咫尺，搁起竹竿就可以晾衣晒被，打开窗户就可以倚窗谈心，构成一道别致的小镇风景。

图8-10　西塘西街

二、塘东街

塘东街是民国时期西塘最为繁华的街道之一，街上有好多酒楼（图 8-11），旧时有“借问酒家何处有，胥塘河边处处楼”的说法。西塘的商人很多是读书人出身，受儒家文化的熏陶，其经商的思想与一般商人不同。塘东街上有一家百年老字号的药铺钟介福药店，大门上有一副对联：“宁药架满尘，愿天下无病”，充分反映商家“仁”“和”的儒家思想。塘东街上还有源源绸布庄旧址，1927 年秋陈云同志在“枫泾暴动”时期被国民党追捕转移到西塘，在布庄伙计高廷梁处暂住几日，后由高廷梁安排小船经水路去往安全的地方。

图8-11　西塘塘东街沿河酒楼

三、廊棚

西塘的廊棚是水乡古镇中一道独特的风景线。所谓廊棚，其实就是带顶的街，是一种连接河道与店铺、又可遮阳避雨的水乡特有建筑形式（图 8–12），西塘至今保存着 1 300 多米长的廊棚。廊棚有的濒河，有的居中，沿河一侧有的还设靠背长凳，供人歇息（图 8–13）。廊棚以木结构为主，一般宽 2 ～ 2.5 米，黑瓦盖顶，沿河而建，连为一体，俗称“一落水”。西塘廊棚主要集中在北栅街、南栅街、朝南埭等商业区，既可遮阳避雨，又可驻足观景，沿途还有别致的各种贩卖物品（图 8–14），漫步其中，一种思古之情油然而生。

图8–12　西塘北市河廊棚

关于廊棚的名称由来，民间流传着“为郎而盖”和“行善而搭”两个版本，无论何种解释，廊棚都是水乡中最有人情和最有温度的一处空间。最初西塘沿街的店户为了方便顾客，在店门口加一个店廊。沿街很多地方不属于一家一户，因此将廊子连成一气，就是全镇的公益行为。这种建造活动主要是为了方便行路人和外来客商，要有人出资金，要有人出面筹办，是利人的行为，这反映了过去西塘百姓的公德心。全镇都用廊子连起来，沿河的商店就可以全天候营业，来往的客户就能方便行走，具有安全感，晴天不暴晒，雨天不湿鞋，廊下居民的生活也丰富起来。

图8-13　西塘北栅街廊棚

图8-14　西塘小桐街长廊

四、弄堂

西塘的弄堂在江南古镇中最有名，数量多，全镇总计有 122 条弄堂，类型多，有长弄、短弄、明弄、暗弄、一步弄、石皮弄等。弄堂是西塘人生活的组成部分，它反映出西塘人的性格。宅弄深处，曲径通幽，不知深几许，行至尽头，豁然开朗，别有新洞天，也是游客寻觅别趣的天地。

弄堂按不同的用途来分类，大致有三类：街弄、陪弄和水弄。连通两条平行街道的称为街弄，街弄前通新街后通老镇。前通街后通河的称为水弄，水弄连着河埠，往往是附近不临水人家下河的通道。大宅内设在厅堂侧面的称为陪弄，陪弄完全在室内，有墙和邻居相隔，没有采光系统，许多陪弄的墙上挖有灯孔，放油盏灯照明用。

西塘弄堂既有以弄中居住的大姓家族而命名的，如王家弄、叶家弄（图 8-15）、苏家弄等；也有体现出古镇商贸繁荣和弄堂特色的名称，如米行埭、灯烛街、油车弄、柴炭弄、石皮弄等。西塘古镇最有特色的弄堂有：

最著名的是石皮弄，顾名思义，此弄的石板很薄，实际上是由厚度仅 3 厘米的石板铺成的，石板下是排水的暗沟。全长 68 米，最宽处 1.1 米，最窄处为 0.8 米，只能

图8-15　西塘叶家弄

图8-16　西塘石皮弄

图8-17　西塘西街小巷

供一个人行走，所以也被称为“一人弄”。两侧的高围墙留出狭长的天空，又称“一线天”（图 8–16）。

古镇最长的是四贤祠弄，位于北栅街，全长 236 米；最窄的是野猫弄，位于环秀桥边，最宽处 30 厘米，是两幢房之间的缝隙（图 8–17）；最宽的是烧香港北高阶沿李宅的大弄，可并排走 5 人；最短的是余庆堂内的宅弄，全长不过 3 米。

第五节　传统建筑

西塘在元代成市，明代建镇，清代中期，徽商东进，把徽派文化包括徽派建筑技术带到西塘。西塘保存最好的民居建筑就是这个时期建造的。到了民国时期，西塘已成为商业重镇。许多有钱人临河建屋，临街开店，留下了大规模的民居建筑群（图 8–18）。

西塘古镇的民居建筑有数百年的历史跨度，在不同历史时期里，民居建筑反映了不同时期的社会历史和文化，是杭嘉湖平原民居建筑最具代表性的历史文化遗产。西塘的明代建筑虽很少，但特征很明显，厅堂上所用的梁饰多为“包袱巾”状，清代建

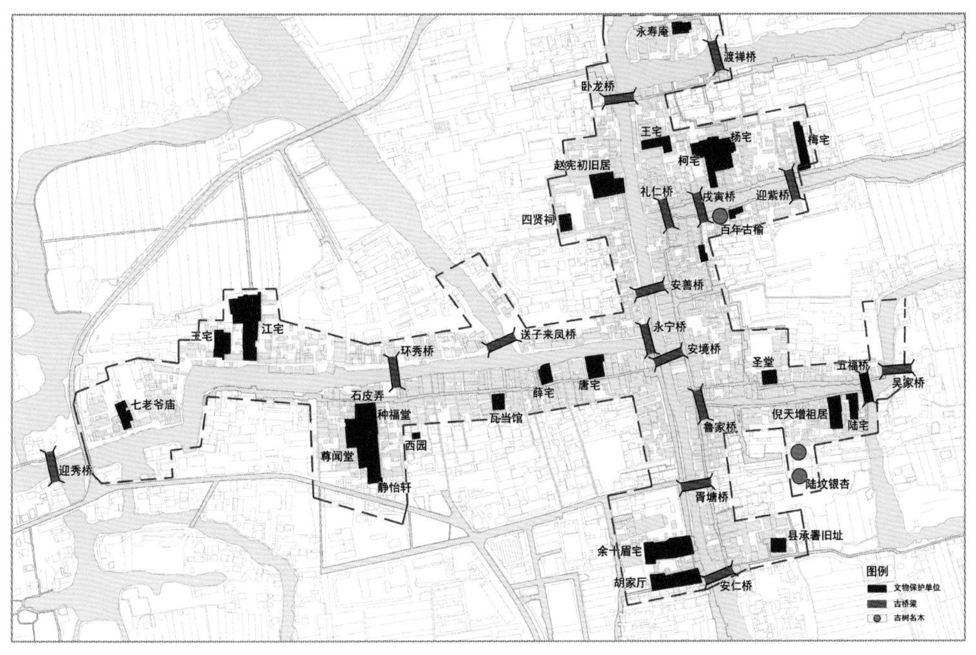

图8–18　西塘古镇文物古迹分布图

图8-19　西塘临水民居

图8-20　西塘临水长廊

筑的柱础都用毛石，不用青石，而民国时期的建筑接受了西方文化的理念，以木地板代替方砖，甚至还有天花板的装饰。带有徽派建筑风格的马头墙，在西塘变换了模样，把“一”字形的改成了馒头形的“观音兜”。这是因为西塘会受台风的影响，馒头形的马头墙，防风又防火（图 8-19）。①

现存的西塘民居规模都不大，单体建筑的面积比较小，体现了简洁实用的平民文化。镇上河道纵横，大部分人家临水而居，每家后河都有河埠，河埠上的“美人靠”给古镇增添了富有水乡风味的景色（图 8-20）。

① 金梅. 西塘民间建筑［M］. 苏州：古吴轩出版社，2003.

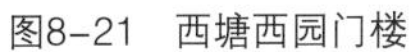

图8-21　西塘西园门楼

图8-22　西塘种福堂

西塘古民居建筑的庭院布局十分灵活，建筑物单体都有天井相间，有天井者称“进”，无天井都称“埭”。还有束腰的石库门，有的大户人家在庭院和天井间修建砖雕门楼，并饰以“家训”，以示后人（图 8-21）。

一、名宅

（一）种福堂

种福堂在西街石皮弄东侧，是西塘望族王家的宅第，始建于清代康熙年间。王宅共有七进，总长有百余米。头进门厅较为狭小，平房很不起眼，主人谦和，为的不是露富相。第二进是轿厅，有厚实的墙门以求安全。第三进是大厅即种福堂，前有墙门天井，大厅面宽三间，厅堂宽敞，上有楼层，后面还有三进房屋，有厨房和一个花园。第三进厅堂正中央悬挂有康熙年间翰林侍读学士海宁陈邦彦题名为“种福堂”的匾额，以告诫后人“平日多行善积德，日后定能使子孙得福”（图 8-22）。

图8-23　西塘倪宅

图8-24　西塘崇稷堂

（二）倪宅

位于烧香港南。倪氏家族为镇上书香门第（图 8-23），倪宅前后共五进，前有廊棚，后有花园，正厅名为“承庆堂”，它是已故上海市副市长倪天增（1937 —1992 年）的祖居。倪天增曾是上海市分管城建的副市长，其清正廉洁深受百姓爱戴。倪宅原为五进，现开通前二进，正厅为承庆堂，为倪氏祖居的堂名。前厅和两旁分别设有厨房、膳房、账房、琴房等，楼上则设有闺房、卧室等，为明清时期西塘殷实家庭的真实写照。经过整合充实廉政教育资料，“倪天增祖居”被命名为首批“浙江省廉政文化教育基地”，成为党员干部接受廉洁从政教育、游客陶冶情操的一个重要场所。

（三）崇稷堂

崇稷堂 20 世纪 20 年代由薛家在西街兴建，规模不大。原为前店后宅格局，前后两进，前进临街，后墙沿河，天井居中。正厅左右是两厢房，长扇玻璃窗，明净敞亮，是一处安逸的中等人家。大厅正中挂有“崇稷堂”匾额（图 8-24），“稷”即五谷庄稼的古称，也有谷神、土地神灵的意思。现在厅房内重现其陈设以使观者了解镇上民居风情。

（四）尊闻堂

尊闻堂位于石皮弄西侧。堂屋的大梁上有一根百寿梁（图 8-25），长约 5 米，中间雕刻有一百个“寿”字和云状花纹，图案别致，刻工精美，为镇上一宝。尊闻堂前有天井一方，幽静雅洁，安居舒适。

图8-25　西塘尊闻堂

图8-26　西塘西园庭院

二、私家园林

（一）西园

西园系明代朱氏私邸，为江南大户人家建筑（图 8-26），园内有亭台楼阁、假山鱼池，是当时镇上风景优美之处。1920 年春，吴江柳亚子偕同陈巢南来西塘，与镇上文友余十眉、蔡韶声、陈觉殊等在该园吟叙合影，仿北宋李公麟所画表现苏东坡、米芾、黄庭坚等人雅集的《西园雅集图》，将照片取名为《西园雅集第二图》。

西园位于西街苏家弄内，整个西园分为三大区共六个相对独立的部分。北部沿西街，由东至西依次为扇面馆、百印馆、南社展区，这三个部分构成文化展览区；中部为古典园林区，共有东西两片；南部为平川书画社展区。在园林区（图 8-27），依据记载和传说，修复了“小山醉雪”“曲槛回风”等八景，园内以醉雪亭为中心，形成制高点，其下堆砌假山，结合部分水体，将假山组织成半岛状。北、南、西都隐其

图8-27　西塘西园花园

图8-28　西塘醉园

源头，使水面有无尽之意味。以古树、水榭和醉雪亭形成相互因借的关系。

西园内的“朱念慈扇面书法艺术馆”展出了国家级工艺美术大师朱念慈先生的精品扇面一百余件。“百印馆”里陈列着由杭州西泠印社组织的国内外百名篆刻家篆刻的一百枚反映西塘风情风貌的印章、印花和边款。南社展馆则展示了西塘南社社员的历史风采。南社是 1909 年由陈去病、高旭、柳亚子等发起的革命团体，在西塘参加南社的社员有余十眉、李熙谋、郁左梅、沈禹钟、江雪塍等 18 人，他们留下的诗词文章，指点江山，评说时政，是当时小镇文人倾向革命的真实写照。

（二）醉园

醉园是西塘望族王氏在塔湾街的宅院，因王宅“醉经堂”得名（图 8-28），初建于明。原有五进，现存四进，有古砖花坛和江南罕见之微砖拱桥。举步游览，池石玲珑，回

图8–29　西塘东岳庙

廊通幽、翠竹生研、秀色醉人，园内正厅“艺香斋”辟有王氏父子王亨、王小峥版画陈列，以示家庭文化之传承，版画作品描写的都是西塘的水乡风光。

三、寺庙

西塘留存有四座庙：镇东三里凤凰村的东岳庙、镇上烧香港的圣堂、镇南的药师庵和镇西雁塔湾的护国随粮王庙。

（一）东岳庙

东岳庙在烧香港港北东端（图 8–29）。始建于宋，明正德十年（1515），县丞倪玑始建庙堂，祀八蜡，更名“八蜡祠”，后又复旧名。民国 13 年（1924 年）重建，重建后规模宏大，前后有三进，天井两侧有廊房。头山门轩敞，高塑门神，进门楼台面北为戏台。正殿正面看是单檐山顶，后面看是硬山顶。庙中附祀城隍，每年农历三月二十九日为迎神赛会日，当地民众请城隍出巡全镇，翌日演戏文以娱神灵，预祝五谷丰登。

（二）圣堂

圣堂初建于明万历年间（图 8–30），祭祀巡按庞尚鹏。到清代康熙年间，改名

图8-30　西塘圣堂

图8-31　西塘护国随粮王庙

为静觉庵，进过两次重修，改供关帝，俗称圣堂。圣堂位于烧香港，这个地名也因烧香敬拜而得。

圣堂香火最旺盛的时候，许多香客挤不进堂内，只能在堂外街边地上插烛而拜。到了春节，举行圣堂庙会的时候这条街就更热闹，烧香客的队伍从圣堂一直排到烧香港口，街边还会有临时设的饮食摊，圣堂的大殿卖各式各样的画张。当地百姓中有谚语“逛庙会，看画张，吃烧卖”。每年正月初五，镇上的商人们必定去圣堂烧香祭拜，用家里南瓜糊做的元宝，换圣堂的元宝，意喻一年财源滚滚。

（三）护国随粮王庙

西塘最有意义的庙是护国随粮王庙，这里供的是地方的神灵，当地百姓称此庙为“七老爷庙”。七老爷为当地做出了杰出贡献，老百姓自发为他建庙享用一方香火（图8-31）。

这是一个真实的故事。明崇祯年间，嘉善一带闹旱灾，乡野颗粒无收，处处饥民。当时有个姓金的老爷，家中排行老七，人称金七，是个朝廷押运粮食的小官，他专门在运河上押送粮船。一天，金七督运皇粮路经西塘，见百姓挨饿，在岸边围着求粮，动了恻隐之心，将运粮船队所有粮食尽施于民。皇粮给了百姓，可是欺君之罪，金七知道逃不过惩罚，投身于雁塔湾的河里，自尽了。当地百姓为了纪念这位舍己救百姓的好官，集资造了一座七老爷庙。七老爷投河自尽后朝廷查清真相，追封为“利济侯”，后又加封为“护国随粮王”，七老爷庙也同时改名为“护国随粮王庙”。

每年的农历四月初三为七老爷生日，西塘要举行庙会，大家把七老爷、七夫人两尊行宫抬出庙门，从晚上十一点出发，各按预定路线巡游，一路旗帜飘扬，锣鼓震天，鞭炮齐鸣，浩浩荡荡巡游，镇上经过的许多地方都搭了帐篷，供七老爷与七夫人在帐内稍歇受供，到次日下午才回到庙中，然后在庙内开始演大戏，连演三天，场面热闹非凡。现在四月初三已成为西塘一年中最大的民间节日。

第六节　闲情西塘

一、栖居

西塘一直被誉为“生活着的千年古镇”，西塘的旅游发展也一直秉承着营造体验“生活古镇”的理念，无论对于游客还是居民，古镇都是他们的家，是让心灵栖居的梦里水乡。

西塘古镇因地制宜，尽可能地保留原生态和原生活。一方面，植根于江南底蕴，挖掘以明清建筑群为代表的古建筑文化，以原创音乐剧《五姑娘》为代表的田歌文化，以代表国内漆器工艺高水平的剔红漆器的手工艺文化，以南社柳亚子为代表的名人文化等，将西塘田歌、越剧、七老爷庙会、跑马戏、摇燥船、荡湖船、踏白船、杜鹃花展、剪纸艺术等民间艺术或放到博物馆或由本地居民现场演绎，从而再现了古镇多彩的民俗文化和民俗风情，传承了西塘人的生活脉络。另一方面，举办“与千年古镇一起生活”“探寻东方古镇，游访江南民宅”“到西塘过中国百姓年”等文化主题系列活动，举办“中国西塘汉服文化周”、民宿论坛等，不断打响“国际牌”和“文化牌”，让西塘的国际影响力和文化渗透力不断提高（图 8–32）。

图8-32 烟雨西塘

二、博览

西塘古镇兴建了多个民间收藏的陈列馆、博物馆，其中有木雕、根雕、服饰、瓦当、纽扣、书画、黄酒、篆刻、竹编、漆器等。

（一）明清民居木雕馆

位于烧香港北。该馆陈列着 250 多件明清时期以来以西塘为代表的江南地区民居建筑木雕，有梁架、梁垫、撑拱、雀替、格窗等，雕刻技巧丰富多彩，剔地、地刻、漏雕、透雕等各展奇工，图案典雅、工整、精致美观，集中展现了江南民居木雕特有的柔美、细腻、清新、绚丽的格调（图 8-33）。

（二）根雕艺术馆

西塘的根雕馆收藏了著名根雕艺术家张正的百余件作品。张正先生祖籍安徽舒城，杭州人，出生于 1958 年，经人才引进入住西塘。张正先生的根雕作品是七分天成三分人工，风格大气，个性鲜明，精美别致。这些根雕有的是整棵大树的根，造型逼真，又具动感。在艺术家的眼里，树根有生命，有灵气，这生命灵气唤起了他的艺术灵感。

图8-33　西塘木雕馆

图8-34　西塘瓦当馆

树根造型使这些枯死的树根，有了灵动飞逸的生命。

（三）瓦当陈列馆

瓦当是砖瓦的一种，是屋瓦靠檐口的最外面的一块，做有翘起的瓦头，以挡住屋瓦下的檐头。大型建筑物筒瓦呈半圆形，瓦当也是圆形的。不同时代的瓦当花纹不同，不同地方的也有不同。江南地区土质好，又黏又细，很早以来就有烧砖瓦的窑场，西塘镇的干窑，就是著名的窑场。

江南民居的屋面铺的瓦片是半弧形，铺砌时，一垅弧形向上承雨水成瓦沟，一垅弧形向下排雨水成瓦脊，相互扣拢成瓦垅。瓦沟端部的瓦当称滴水，呈倒三角形，弧形向下的端部称檐头，瓦当呈方弧形，檐头和滴水都有花纹，由于面积较小，做不出复杂的纹饰，但也有简洁的图案。

西塘瓦当陈列馆内除了瓦当以外，还陈列有许多砖瓦的其他构件，有花边滴水、筷笼、步鸡、砖雕、古砖、陶俑六大类 300 多个品种（图 8-34）。

（四）纽扣博物馆

西塘是中国纽扣之乡，有纽扣生产企业近五百家，年产值 10 亿元，产量占全国生产交易的 40%。纽扣馆位于西街薛宅内（图 8-35），共有六个展厅：古代纽扣展示区、近代纽扣展示区、现代纽扣展示区、贝壳纽扣生产工艺流程展示区、纽扣应用区、中国结展示区。

贝壳纽扣是我国第一代专业纽扣，水乡西塘的贝壳原料极为丰富。过去衬衣上的小田扣就是用江南盛产的蚌壳做的，当时的纽扣生产机器大多用人力脚踏操作，小小的衬衣田扣，从冲剪、磨光、打孔、漂白、整形到完成，完全是手工方式，在馆内专门有师傅现场演绎贝壳纽扣生产工艺流程。

图8-35　西塘纽扣博物馆

图8-36　西塘酒文化博物馆

（五）中国酒文化博物馆

古镇西塘在历史上就是个酒镇。明代初年，大诗人高启乘舟过西塘，特地停下来寻问酒家。在清代，镇上名酒“梅花三白”闻香百里，民国初年的柳亚子多次醉饮西塘，西塘的酒文化，可以说与古镇同步，与古镇齐名。

酿酒世家刘西明先生看中酒镇西塘的声誉，将他家族几辈人收藏的酒文化实物在这里陈列展示，在原有黄酒陈列馆的基础上新开了“中国酒文化博物馆”（图 8-36），用数百件实物对中国酒文化进行了全方位的探讨，融知识性、趣味性、学术性于一体，在追本溯源中，揭示了中国酒文化的清晰背景及其深刻内涵，涉及民俗学、史学、经济学、文学、艺术、医学等多种社会科学和自然科学知识，是中国传统文化的缩影。

三、美食

西塘是鱼米之乡，土地肥沃，物产丰富，有不少脍炙人口的传统美食和特色小吃，除了像善酿酒、清蒸鳜鱼、桂花里脊等，还有粉蒸肉、粽子、炒米粉、青米团子、馄饨、烧卖、水豆腐、八珍糕、五香豆、千层饼等，其中闻名遐迩的当属荷叶粉蒸肉、粽子、八珍糕和“六月红”。

（一）荷叶粉蒸肉

荷叶粉蒸肉为古镇的传统名菜，五味调，百味香。采用适宜的五花肋肉、五香炒米粉、豆腐衣和新鲜荷叶，配上丁香、八角、酱油、甜面酱等调料精制而成。此菜风味独特，肉质酥糯，清香不腻。

（二）馄饨老鸭煲

馄饨老鸭煲是一道西塘的土菜，据说是烧窑工发明的，因工作时间长、劳动强度大，于是窑工们就地解决，在窑裹炖起了老鸭，但只有鸭肉，吃不饱，便有窑工在煲里加入馄饨，既可以充饥，又补充了营养，一举两得，馄饨老鸭煲便在窑工中间传开来，后来西塘百姓的餐桌上也出现了这道菜。

（三）“六月红”河蟹

“六月红”是指农历六月的夏天所产的河蟹。“六月红”的蟹身只有鸡蛋那么大，蟹肉鲜嫩，蟹肪滴油，壳薄，放入清水一蒸就变绯红，故此得名。在杭嘉湖一带还流传“穷再穷，不忘六月红”的俗语，那是对“六月红”河蟹的赞美。

（四）八珍糕

八珍糕选用山药、茯苓、芡实、米仁、麦芽、扁豆、莲肉、山楂这八味药料，以优质糯米粉、白糖精制而成。此糕青黑发脆，初以能消小儿疳积而走俏，后由于选料考究、加工精细、口感香甜且益脾胃。

（五）芡实糕

芡实属水生睡莲科植物，有健脾胃的功效，把芡实粉碎加糯米粉做成糕就是西塘芡实糕的特色，西塘平安堂糕店把芡实糕做成多种口味，且口味独特，有加核桃、芝麻、薄荷，跟别家不一样的是在芡实糕中加入花粉和蜂蜜使芡实糕口感更软更糯，桂花口味和花粉蜂蜜口味最糯最好吃。西塘芡实糕大多可以先品尝后购买。

（六）西塘天下第一面

西塘人做面条出了名地讲究，要用两口锅同时烹制，一口锅用来煮面，一口锅用来炒制辅料，西塘人常用的辅料是肚片、鳝丝、自制的爆鱼等。煮好的面放入另一口锅，和肚片、鳝丝等加水再一起煮 2 ~ 3 分钟。出锅后的面条，汤汁鲜浓可口，面条筋斗。

（七）嘉善黄酒

西塘人历来爱喝黄酒，在西塘历史上有过许多大大小小的黄酒作坊。如今全国最大的单个黄酒生产企业——嘉善酒厂就坐落在西塘镇的北部，该厂严把质量关，生产的花雕、善酿、黄酒等汾湖系列有二十多个品种，酒性温和、酒味醇润、口感独特。

四、民俗

（一）田歌

田歌又称吴地歌曲、子夜歌，是民间流传下来的农村民歌，至今仍传唱于江浙沪毗邻地区，是太湖流域水乡农村生活的历史写照。田歌是地方宝贵的音乐文化遗产，其旋律特征，一是自由，因为西塘地处水乡平原，河网交错，船行水上，对酒当歌，抒以情怀；二是清亮，优美而不失挺拔，歌词内容多反映民间故事、农事活动，如落秧歌、放鸭歌、送粮。

流传在西塘的田歌是汉民族中独具特色的原生态民歌，是过去劳动者寻求慰藉、抒发思想感情的歌声。著名的叙事田歌“五姑娘”的故事就发生在西塘。西塘景区内有“五姑娘”文化主题公园，由西塘田歌改编的原创音乐剧《五姑娘》在第七届中国艺术节上荣获“文华奖”。

（二）越剧

越剧是中国地方戏曲艺术之一，在西塘有着众多的戏曲爱好者，他们汇聚一起成立了西塘越剧协会，其中大多是中老年人，学越剧，唱越剧，演越剧，不仅陶冶情操，而且丰富了他们的业余生活。每逢节日，或者庙会，或者旅游节等喜庆日子，他们都会用越剧来助兴，不仅表演越剧名剧，而且还创作富有时代气息的新越剧。现代著名剧作家顾锡东先生便是西塘人，他的代表作越剧《五姑娘》《五女拜寿》《汉宫怨》《陆游与唐琬》深受人们喜爱。

（三）养花

西塘人有闲情逸致，喜欢养鸟种花，有“杜鹃之乡”的美誉。从清代中期已有人开始种养。杜鹃花生性娇嫩，要细心栽培，种养杜鹃也是修身养性的行为。1972 年，美国总统尼克松访华下榻杭州，急需花草布置宾室，但是在“文革”时期，养花种草被认为是资产阶级情调，许多名贵花草全遭摧残。浙江省园林管理处四处打听，终于在西塘卓家觅得杜鹃 19 盆、盆景 20 盆，为尼克松下榻的客厅增添了春意与生气。据统计，西塘镇上现有杜鹃花品种 145 种，家种杜鹃花的有 100 多户，共栽 4 000 多盆。

（四）漫游

古镇有巷、水、屋、船、廊、音乐，咖啡、黄酒飘香。闲逛时，街头小吃信手拈来；惬意时，三五知己美酒佳肴；浓情时，风花雪月窗前桥畔。西塘慢生活，半朵悠莲半盏茶，时间在这里凝固下来，让人在不经意间融入江南市井生活。西塘的菜肴以河鲜为主，河鲜的烧制总是花样层出，做出千差万别的美味佳肴。除此之外，各种当地风味小吃，伴着特酿的西塘黄酒，也是一种至上的民间搭配。

“西塘的一夜，为你等待了千年”，来西塘没看到西塘的夜景实为憾事！西塘每年五月至十月开放古镇夜游活动，沿河廊棚下有一排红灯笼，到了晚上彻夜通明，对百姓来说它们是路灯，对游客来说却是一道亮丽的风景线。水上戏台在夜游开放期间有越剧《五女拜寿》、田歌《五姑娘》等表演，老百姓围坐在对岸看戏，游客们坐在船上看戏，台上台下都是风景，让人仿佛置身在江南如诗如画的梦里水乡（图 8-37）。

图8-37　西塘夜景

第九章 水乡商贸名镇：朱家角

朱家角镇位于江、浙、沪交界处，为青浦、昆山、松江、吴江、嘉善五区（市）毗邻之中心，地理位置十分优越；地处九峰北麓，淀山湖之滨，环境优美；漕港河穿镇而过，西通太湖，东达上海，交通也很便利。早在5000年前的良渚时期，朱家角一带就有先民繁衍生息；1 700多年前的三国时期，便已有村落集市；宋、元时已建有圆津禅院、慈门寺等古寺名刹；明代万历年间已成为商贾云集、烟火千家的繁华集镇。由于纺织技术提高，明代以后朱家角凭借本地所产的优质棉布而享誉江南；又由于土壤肥沃，特别适合种植稻谷，盛产的“青香薄稻”成为贡品，又形成了江南著名的米市。米、棉业两大优势加上便利的交通，朱家角迅速发展起来，清末民初时商业之盛已列青浦之首，为周围四乡百里农副产品集散地，有“两泾（朱泾、枫泾）不及珠街阁（朱家角）”的说法。镇上商贾云集，人烟繁盛，以北大街、大新街、漕河街为商业中心，街长三里多，店铺千余家。朱家角自成繁华市镇后，文儒荟萃、人才辈出。明清两代共出进士16人、举人40多人，其中有清代学者王昶、御医陈莲舫、小说家陆士谔、报业巨子席裕福、画僧语石等，留下了丰富的文化遗产。

朱家角是上海保存最完整的水乡古镇，至今仍保留着上海开埠前的江南风光。镇内河港纵横，长街沿河而伸，明清建筑依水而立，石桥古风犹存（图9–1）。

图9-1　朱家角古镇鸟瞰

第一节　历史演变

朱家角大约成陆于7000年前。在镇北大淀湖湖底，发现了大量新石器时代遗物，被证明是马家浜文化、崧泽文化、良渚文化和西周至春秋战国时期的文化遗存；又在淀山湖中捞起了大量石刀、石犁、石纺轮、印纹陶片等，这些新石器时代至战国时代的遗物，足以证明数千年前朱家角的先民就在这里繁衍生息了。

三国时期朱家角便已有村落集市；宋、元时形成小集镇，名朱家村；明万历四十年（1612年）因水运交通便利，商业日盛，朱家角正式建镇。朱家村改名为珠街阁，又名珠里、珠溪，俗称角里。经历了明清、民国，依托水运便利条件，朱家角从集市初现、人丁集聚，发展为民国时期商贾云集、百业兴旺的青浦西部商业贸易中心。抗战前，古镇以北大街、大新街、漕河街为商业中心，长街三里，店铺千家。民国时期，商贸各业齐全，网点遍布，大店名店林立。米业、棉业是朱家角的支柱产业，形成了江南著名的米市，镇上有恒益丰、正余、合丰、全号四大米行，资金雄厚，规模较大。鼎盛时期，恒益丰、合丰、正余三家米行各自日收大米三、四千石，全号米业有两千石左右。出色的朱家角标布（优质棉布），吸引了全国各地前来购买的客商，朱家角形成了标布的贸易中心。[①]

现在朱家角古镇以旅游观光、商业服务、生活居住、文化休闲为主要功能，是一个具有宜人生活环境和文化休闲特色的江南水乡古镇。

第二节　古镇形态

朱家角古镇依托水运便利条件，古镇由水而生。全镇依托西井河、市河、东市河、西栅河、漕港河，形成“大”字形的古镇空间格局。漕港河将朱家角分成两半，北岸井亭港，南岸北大街。九条长街沿河而伸，两岸遍布蜿蜒曲折的小巷，千栋明清建筑依水而筑（图 9–2）。

图9–2　朱家角古镇现状肌理图

① 《朱家角镇志》编纂委员会. 朱家角镇志[M]. 上海：上海辞书出版社，2006.

第三节　河道桥梁

朱家角不但具有江南水乡风光之美、明清建筑的秀丽，更具有水多、桥美之特征。历代建造了各种各样造型的桥梁36座，把古镇连成一个整体。其中放生桥恢宏雄壮，课植桥小巧玲珑，何家桥古厚淳朴，可谓各具特色。[①]

一、特色桥梁

（一）放生桥

放生桥跨于漕港河之上（图9–3），为上海地区最长且最高的五孔连拱大桥，有“沪上第一桥”之称。始建于明代万历年间（1573—1620年），后清嘉庆十七年（1812年）重修。全长70.8米，宽5.8米，桥身稳固，壮观而不失精巧，历数百年风雨沧桑而依旧保存完好。放生桥长如带，形如虹，“井带长虹”为朱家角十景之一（图9–4）。据传明清时期，每逢农历初一，当地僧人都要在桥顶举行隆重的仪式，将活鱼投入河中放生，以此彰显对生命的尊重，“放生桥”之名即由此而来。

（二）课植桥

课植桥位于朱家角北首西井街课植园内荷花池畔（图9–5），单孔拱桥，为全镇桥中尺度最小的一座，是古镇一处独特的微缩景观。桥身全长仅5米，但桥栏、桥洞和石级一应俱全，小巧玲珑，精致独特。

（三）泰安桥

泰安桥俗称何家桥，跨于漕港河之上（图9–6），位于漕港河口的名刹圆津禅院门前，是古镇上历史最为悠久的古桥，始建于明代万历十二年（1584年）。泰安桥为单孔拱形石桥，为全镇最陡的石拱桥。桥堍有其悬挂灯笼用的旗杆石，为来往船只的航标。用于建造泰安桥的材料是青石，桥两旁青石扶手上的“飞云石”浮雕，古朴淳厚，似元代之作。

（四）惠民桥

惠民桥跨于市河之上，为木结构廊桥（图9–7），旧时在水乡城镇一带较为常见，

---

① 阮仪三.朱家角：中国江南水乡古镇［M］. 杭州：浙江摄影出版社，2004.

图9-3　朱家角放生桥

图9-4　朱家角放生桥夜景

图9-5　朱家角课植桥

图9-6　朱家角泰安桥

图9-7　朱家角惠民桥

现大多数廊桥已坍塌，较为少见。惠民桥是古镇唯一的木结构小桥，也是最独特的木桥，因桥面建有木板栅，上盖砖瓦、翘角，故也称廊桥。使行人既可避风雨，又可遮烈日，这样既为民通行方便，又为民歇脚避风雨，故称惠民桥。惠民桥历史上因损坏而修建过，后称新桥。20 世纪 50 年代被拆。现惠民桥为 1996 年在原址重建。

二、河道和湖泊

朱家角河网密布，自然河道较多，均属黄浦江水系。西临的淀山湖是上海最大的

图9–8　朱家角淀山湖

图9–9　朱家角漕港河

淡水湖泊（图 9–8），风景优美，有“东方日内瓦湖”之称，面积 62 平方公里，相当于 11 个杭州西湖。位于北市梢的大淀湖好像一颗宝石镶于朱家角镇，水域面积约 800 亩，周边分布多条支流。正是水乡泽国的地理环境为朱家角的鱼米之乡奠定了基础。

主要河道有漕港河（图 9–9）、新塘港、南大港、淀山港、斜沥港等，其中漕港河贯通东西，西达淀山湖，东入黄浦江，是贯穿古镇的主河道。

家家临水，户户通舟，古镇河埠、缆石不计其数（图 9–10），五步一个，十步一双。富商、官宦或庙宇前的河埠多为兼具洗涮功能的桥式河埠，条石整齐，加工精细，宽敞舒适，上有雕龙刻凤。其余一般多为单层楼梯式河埠，直通河中，简洁而实用。其中有的位于两老宅之间的隐形河埠；有的露天无遮挡，有的上面有廊棚遮挡，也有直接横伸于市河中。缆船石造型多样，生动古朴，有如意、古瓶、葫芦、蕉叶、宝剑、

图9-10　朱家角市河

牛角、怪兽等，如马氏花园、席氏厅堂、新老城隍庙前的缆石等，体现出江南水乡精湛的雕刻工艺。[①]

第四节　特色街巷

朱家角旧时街市繁盛，沿街两侧，大小商号比肩相邻。至今镇上仍保留有多家百年老店，传统的店面、经久不衰的商品，散发着浓郁的乡土韵味。古镇老弄深巷，大街背后，小巷曲折。

一、沪上第一明清街

北大街，背靠漕港河，旁临放生桥，是上海市郊保存最完整的明清建筑第一街。街巷最窄处仅有 2 米宽，行走于街巷中，沿街两侧滴水檐近乎相接，只可见一线，因

① 上海市档案馆.上海古镇记忆[M]. 上海：东方出版中心，2009.

图9-11　朱家角北大街

而别名“一线天”。沿街明清建筑，飞檐翘角，黛瓦粉墙，仿若时光倒流，一派明清街巷景象（图 9-11）。

北大街早在旧时就是古镇的商业中心，沿街茶楼酒肆、南北杂货、米行肉铺，百业俱兴。老式店招林立，大红灯笼高挂，热闹纷繁，是其他古镇所望尘莫及的。

现老街沿街商店毗邻，店店相连。街上还保存有百年老店“涵大隆酱园”、百年饭店“茂苏馆”、沪郊之冠“古镇老茶馆”，各类传统手工作坊店、古董、陶瓷、花鸟、书画、土特产、工艺品、特色小吃店等，目不暇接。游客可漫步于这一明清商业街巷中，休闲购物，享受惬意时光。

二、古巷深弄

镇内巷弄多，路通街，街通弄，弄通弄，古弄幽巷又以多、古、奇、深，名闻遐迩。巷弄形式多变，时而开阔，时而狭窄（图 9-12）。巷弄与大街相连，为居民日常出入的通道，将古镇的每家每户串联起来。人们穿行于巷弄之中，透过屋门即可见质朴人家的生活场景，有在自家院子里晒太阳的老者，也有勤劳的主妇操持家务，经营着自己的小日子；院外几缕绿叶垂挂老墙上，甚是悠闲（图 9-13）。

图9-12　朱家角漕河街

图9-13　朱家角东湖街

第五节　传统建筑

朱家角历来水木清华，风光旖旎，历代一批批文人雅士、官宦人家相继迁聚古镇，建宅造园，古镇上至今留存有明清建筑数百处之多。席氏厅堂、王昶故居、柳亚子别墅、陈莲舫旧居、课植园以及大大小小富户巨宅，高高的风火墙、深深的石库门，黑瓦粉墙，庄重古朴。

一、名园集锦——课植园

课植园，为园主人马文卿私人的花园（图 9-14）。花园集名园佳景于一体，园内各类建筑布局错落有致、疏密得当，独具匠心，在私家园林建筑中极为罕见。园林区西南隅的荷花池、九曲桥的设计灵感就是来源于上海豫园的荷花池、九曲桥，汇集

图9–14　朱家角课植园

图9–15　朱家角课植园庭院

图9–16　朱家角课植园藏书楼

图9–17　朱家角阿婆茶楼

了江南名园特色。

全园坐西朝东，由厅堂区、假山区、园林区三部分构成。亭台楼榭、假山水池、石碑长廊、古树名木，应有尽有，胜景繁多。园内厅堂建筑考究（图 9–15），屋面双层瓦片行板结构，冬暖夏凉。假山区假山用太湖石堆砌而成，巨石造型酷似一个马头，暗合主人姓氏。园林区种植各种果树，随季节各自繁盛。课植园园名暗含“课读之余，不忘耕植”之意，园林区“耕九余三堂”位于园内稻田区北部，一幢用红砖、青砖夹花的欧式小洋楼，与藏书楼东西呼应，应和耕植之意，为造园的点睛之笔（图 9–16）。

二、茶馆

古镇居民素有喝早茶的习惯。茶客们有的在茶馆内闲谈交流，也有解乏小坐。茶客在闲聊之余还可约起三五好友，在此听书、下棋、打牌，茶馆成为古镇居民日常休闲难得的好去处（图 9–17）。

图9-18 朱家角大清邮局

古镇内现留存的茶馆有十多家。茶馆种类繁多，有老茶楼，也有面向民众的平价茶馆，更有开在船上的游船茶馆。众多茶馆临街傍水，环境幽雅，居于楼上茶室远眺，以古镇为基底，水乡为背景的美景尽收眼底。

三、大清邮局

朱家角的大清邮局是上海地区唯一保存完好的清代邮局遗址，清代上海十三家通邮驿站之一。邮局门前一仿古蟠龙邮筒，甚有特色。该邮局始建于 1903 年，现为邮局主题文化展馆，直观展示着中国千百年来驿站和邮政行业的发展历程（图 9-18）。

四、水乐堂

水乐堂由日本著名建筑师矶崎新工作室为著名音乐家谭盾设计建造，为古镇一处老宅改建而成，此空间在把建筑与音乐完美结合的同时，也融合了环保理念、水乡文化和天人合一的哲理。其极简的建筑设计为音乐和视觉留出了无限的空间，而老宅外貌依旧保留着水乡民居的原始风貌（图 9-19）。

图9-19　朱家角水乐堂

图9-20　朱家角井亭客栈

第六节　民宿客栈

一、井亭客栈

井亭客栈坐落于朱家角古镇西井街的中龙桥，房屋始建于晚清，原为杨氏家族所有。坐东朝西，三进三出，占地600余平方米，建筑面积约800平方米，是上海市优秀历史建筑（图9-20）。

现已被利用为一处民宿，客人可以像当地人一样以船代步，由摇橹船接送到井亭，早上乘船去江南第一茶楼吃早餐。坐在井亭大堂里，耳听流水声潺潺，只觉清凉宁静，蚊虫不扰。门前屏风后凿出一条水脉，从石板下流过，一直蜿蜒至中庭。来这里入住，可零距离感受朱家角历史文化和风土人情。

二、朱里俱舍酒店

朱里俱舍温泉酒店坐落于古镇核心新风路，临漕运河而居，与放生桥一步之遥。俱舍，取自古印度语的汉译，意为身体与心灵的容器。致力于让每位客人身处其间，暂舍俗世，以一种古典方式去体会现代生活。酒店设计以“住回宋代的朱家角古镇”为理念，以源自宋代禅房的简素美学营造空间、器物、石庭乃至生活方式，重朴素而去浮华，以几近古朴、低调、极简的氛围，向发祥于宋时的朱家角古镇致敬（图9-21）。

图9-21　朱家角朱里俱舍酒店

第七节　文化展馆

朱家角在原有的历史人文景点之外，结合古镇的特色和资源，新辟了一些小型的乡土文化博物馆和传统名人博物馆，这些博物馆逐渐成为古镇历史人文的有机组成部分。

一、上海远古文化展示馆

位于朱家角镇美周路，展馆陈列展示上海灿烂的远古文明如马家浜文化、良渚文化，陈设有青浦福泉山出土的玉器、陶器。参观者还可在展馆旁的陶吧，亲身体验古人制作陶器的工艺。

二、稻米乡情馆

以展现朱家角地区源远流长的稻作历史文化为主题，通过春耕、夏耘、秋收、冬藏和各种农历节气的艺术组合，陈列着与稻米生产相关的石磨、石臼、竹篮、竹匾等工具和用具，营造了江南农村农作场景。展馆旁开有一家著名的老米店“合丰米行”，为古镇众多米行缩影，参观者可在此体验感受稻米乡情（图 9–22）。

图9–22　朱家角河港

三、渔人之家展示馆

通过立体化生动的陈列方式展示渔家用具、渔船等与打鱼相关的内容，从渔文化、渔家习俗、渔业生产等侧面反映江南水乡渔文化丰富的内涵和江南渔民的生活、生产状态。展馆中渔网悬挂于天花板，鱼篓等渔具陈列于游客脚下，不同时代的渔船设于壁橱内。参观者可在此体验渔民生活（图 9–23）。

图9–23　放生桥黄昏

四、朱家角人文艺术馆

朱家角人文艺术馆位于美周路。该馆采用油画、雕塑等艺术表现形式，集中展示了朱家角当地的历史人文、古韵风貌和民俗风情。人文艺术馆充分体现了江南传统宅院错落有致、明暗辉映的建筑风格，设室内展厅十个，室外庭院五个。人文艺术馆主要承载各类艺术展出，融入当代文化，丰富了古镇文化内涵（图 9–24）。

图9–24　朱家角人文艺术馆

五、王昶纪念馆

王昶纪念馆位于朱家角西湖街，为纪念清代著名学者王昶而建（图 9–25）。纪念馆为一处清代二层小楼，庭院内花木扶疏，透露出书香门第的宁静。底楼门廊正中，挂着黑底镏金“三泖渔庄”匾额。进门正中是王昶的半身铜塑像，两侧墙上挂满了有王昶的介绍、王昶手迹等的镜框。左厢房是经训堂，右厢房是春融堂、郑学斋；楼上第一间是王昶、钱大昕、刘墉三位好友共同研究文学、谈文论经的塑像，形象逼真，栩栩如生；中间是王昶的卧室，素被旧床，质朴无华，折射出王昶为官清廉、淡泊；第三间有两排长玻璃柜，展示了王昶的著作《金石萃编》《春融堂集》《太仓志》等。后院则是有关介绍王昶的各种碑石，其中有王昶为好友钱大昕写的墓志铭。

图9–25　朱家角王昶纪念馆

第十章　水乡丝业名镇：震泽

震泽地处“吴头越尾”，西接湖州，北枕太湖。震泽之名则具有水乡泽国特征，为太湖别称。震泽所处的自然地理环境适桑宜蚕，成为太湖南岸重要的蚕桑生产基地，被誉为“中国蚕丝被之乡”。自唐开埠、南宋设镇以来，人口稠密、赋税繁多，丝业的发展又推动了其他行业的繁荣，工、商、农、副逐渐兴起，从而成为苏州吴江地区的重镇。近年来震泽镇被评为中国历史文化名镇、全国环境优美镇等，2016 年被列入第一批中国特色小镇——“丝绸小镇”（图 10-1）。

图10-1　震泽古镇鸟瞰

“一湖天堂水，千载震泽丝”，蚕丝之于震泽，已经是一种深入古镇骨髓的文化。曾经的震泽古镇，家家养蚕，处处丝行，市河里鳞次栉比的丝船往来四面八方。如今古镇河街格局尚存，留存传统建筑与古迹甚多。宋代始建的慈云寺塔细说岁月沧桑；大禹洪荒治水，留存禹迹古桥；范蠡弃官泛舟，古人建桥“思范”；王锡禅天文著作，流传后人至今；师俭堂巧夺天工，集清代建筑之大成；镇内凝庆堂、茂德堂、成馀堂、敬胜堂、宝书堂和砚华堂等为江南丝商大宅的典型代表；丝业公学、江丰农工银行、震泽公园等是中西建筑文化与城镇建设的代表。

第一节　历史演变

春秋时期，震泽处于吴越两国交界处，震泽初属吴，后属越，战国时期并入楚。唐开元二十九年（741 年），湖州刺史张景遵在此设驿站震泽馆，这是震泽定名之始。北宋时震泽改属吴江，南宋绍兴（1131—1162 年）年间，由于宋室南迁，震泽成为皇畿近地，为保卫京城临安而设镇。元代时期，因屡经战火，震泽居民仅余数十家，村市萧条。

明初朝廷推行鼓励农桑政策，震泽地区因适桑宜蚕，盛产湖丝，成为重要的湖丝产区，并依托頔塘河水路要道，因水成市，因市成镇。交通便利，水陆位置俱佳，成为江浙一带重要的丝绸交易中心。震泽依靠丝市繁荣逐步吸引聚居，至明嘉靖（1522—1566 年）年间居民约八九百家，明末清初已逐步形成了古镇的基本形态。近代，随着生丝贸易的日渐发达，镇上丝行、丝经行、茧行、桑叶行林立，船只往来繁忙，震泽镇日益繁荣，成为我国著名的丝市之一。

晚清以来徐世兴洋经行等一批丝经行的业务辐射江浙沪边界的集镇和农村，年销售金额达数百万元，蚕丝业的迅猛发展带动了震泽商业的繁荣昌盛。民国时期，震泽成为吴江西南部丝业、粮油和山货的集散中心。抗战以前，镇区商店多达 600 余家，其中丝经行 80 余家，饭馆 33 家，茶馆 28 家。[①]

① 《震泽镇志》编纂委员会．黎里镇志[M]．北京：方志出版社，2017.

第二节　古镇形态

镇区总体形态自然，顺应河道有机生长，以宽阔的古頔塘河（亦称市河）为古镇发展的骨架，对外连通南浔和平望，对内与庄桥河、通泰桥河以及斜桥河相通，三河汇于藕河及三里塘，形成镇区水系核心结构。镇区由东端禹迹桥至西端思范桥连绵发展，并延拓至藕河街北侧。頔塘河东端的宝塔街为进镇街道，因而商铺较为密集。1935年尺度较大的新开河在镇北部开挖连通，从而与古頔塘河共同形成两河夹镇的空间结构（图10-2）。

图10-2　震泽古镇现状肌理图

第三节　蚕桑文化

震泽的历史可以说是一部蚕丝的历史。据考古发现，早在新石器时代中晚期，震泽西部钱山漾和东部梅堰地区的先民就开始在此育蚕缫丝。唐代，以湖丝织成的吴绫被选为朝廷的贡品；宋元时期，震泽蚕丝业已远近闻名；到了明代，由于朝廷大力推行鼓励农桑的政策，以至于无家不蚕，成为震泽农民重要的经济来源。

明代，震泽与南浔两镇交界处的七里村一带，湖水清澈，缫出的丝光泽和韧性都优于别处，因名“七里丝”。震泽的长漾、北麻漾周围所缫之丝，亦为丝中上品。凡浔震百里内所产之丝，都冠以“七里丝”名。清雍正后雅化为“辑里丝”，辑里丝具有“细、圆、匀、坚、白、净、柔、韧”八大特点，于明朝中叶崭露头角，成为湖丝中的上品，到清代又选为江南三织造署贡品乃至御用绸缎的原料。[①]

凭借辑里丝，明成化（1465—1487 年）中震泽丝市逐渐兴起。镇上经丝行林立，舟楫塞港，清乾隆就有丝行埭（今砥定街）、打线弄等因丝而得的地名，市场交易以丝类为多。清咸丰年间，丝业作为震泽商业的龙头行业，在文武坊关帝殿建立了最早的行业会馆“丝业公所”，民国初年又在司前弄建了新公所。震泽地区以缫丝为主，而不织绸。由于家庭缫丝零星分散导致交易不便，从而催生出丝行，通过代客估买估卖赚取佣金。震泽镇上有记载的最早的丝行，便是清道光咸丰年间的徐世兴丝行。同治十二年（1873 年），为了适应外国机械丝织业的工艺新要求，震泽人改良辑里丝经制法，仿效日本，制成辑里干经（又称洋经）。由此丝经行业后来居上，成为震泽最主要的行业。鸦片战争后上海开埠，不再转道广州出口，辑里丝及辑里干经在震泽集散，直接通过上海的震昌、震泰、怡泰祥三家丝栈与洋商贸易，震泽丝市达到鼎盛阶段。

到了清末民初，全镇有二三十家丝行，分为乡丝行、绸丝行、吐丝行。同时期，镇上丝经行有 80 余家，按其经营种类也分三类：洋经行、广经行、苏经行。丝经行年收购土丝万担左右，再转发近乡摇户（车户）加工成经，丝经生意常年不辍。

丝商经营丝业发家后，在震泽大兴土木。这些丝商宅第大多临水而建，纵深扩延，前店后宅，集商行与私宅于一体，包括师俭堂、凝庆堂、茂德堂、成馀堂、敬胜堂、宝书堂和砚华堂等，都是由当时镇上丝商所筑。

20 世纪初，日本机器缫丝业兴起，逐渐成为国际生丝的最大供应商，原先畅销欧美市场的本地土丝节节败退。为了向蚕丝业注入新的活力，1919 年由施肇曾等人发起创立了江丰农工银行，由此汇集各方力量主营合作社不动产、生丝米谷放款等，成为中国现代史上第一家实质性的民营股份制银行。该银行坐落于银行弄，此弄原名张家弄，因银行创办遂改名为银行弄，见证了震泽民国时期丝市兴衰，儒商实业救国的历史阶段。震泽儒商们除崇尚俭约的内修外，亦崇以商助教之传统。震泽西北侧的丝业公学即由震泽当年的丝业公会所创办。为便于业内子弟就学，公会于民国元年（1912 年）筹建丝业小学，开吴江行业办学的先河。后于民国 9 年 (1920 年）于现址择地建造新校舍，

---

① 震泽镇，吴江市档案局．震泽镇志续稿 [M]．扬州：广陵书社，2009.

图10-3　震泽丝业公学

至民国12年(1923年)落成，民国15年（1926年）学校增设初中班，报省备案后改称“丝业公学”。现尚存南侧一幢教学楼，成为鲜明的历史佐证（图10-3）。

第四节　河道桥梁

由于震泽主河道古頔塘河尺度远较传统的江南水乡宽阔，因而河面上的桥梁也相对气势雄伟、起伏较大。镇区历史上还存在大量的小河道，如庄桥河和通泰桥河都有具有特色的石桥。又如藕河上筑有七座形制各异的小桥，即斜桥、藕通桥、藕心桥、小浜桥、善庆桥、福缘桥和豆腐桥；河如莲藕，桥如藕节，因名藕河。震泽特有的大河长桥的风貌和江南水乡古镇共有的小桥流水人家的景致穿插起来,形成了错落有致、收放有序的河街空间。

震泽镇区中保护较好的主要古桥梁为頔塘河上的思范桥、禹迹桥和通泰桥河上的虹桥。

一、特色桥梁

（一）思范桥

蠡泽湖畔的百姓为怀念春秋越国大夫范蠡而建，位于镇西，跨古頔塘河（图10-

图10-4 震泽思范桥

4），与镇东的禹迹桥遥遥相望。南北走向，单孔石拱桥，跨度为10.3米，矢高5米。全桥以青石、花岗石构筑。该桥始建年代无考，现存之桥为清同治五年（1866年）重建。思范桥两侧桥身上各镌刻着一副对联，一端为："苕水源来，阅尽兰桡桂楫；荻塘波泛，平分越尾吴头。"另一端为："禹迹媲宏模，望里东西双月影；蠡村怀古宅，泛来南北五湖船。"

（二）禹迹桥

为纪念大禹治水而建，坐落在宝塔街东、慈云禅寺之前。该桥为单孔石拱桥（图10-5），拱券为纵联分节并列砌筑。桥全长41米，中宽4.3米，堍宽6.3米，净跨10.3米，矢高5.56米。桥北堍建有东西向引桥，引桥长11.7米，宽2.1米，高1.15米。桥顶面与拱圈龙门石分别镌刻"轮回"和"云龙"，桥面石阶有各式吉祥图案。该桥始建于清康熙五十四年（1715年），清乾隆四十四年（1779年）为迎接乾隆皇帝第五次下江南再次重修。桥东向有楹联："善政惟因，不易大名仍禹迹；隆时特起，重恢古制值尧巡。"桥西向有楹联"市近湖滣，骈肩无俟临流唤；地当浙委，绣壤应多题柱才"。显示了当时震泽繁荣兴盛的生活场景（图10-6）。①

① [清]纪磊，沈眉寿. 震泽镇志：中国地方志集成乡镇志专辑第12册 [M]. 南京：江苏古籍出版社，1992.

图10-5 震泽禹迹桥

图10-6 震泽禹迹桥鸟瞰

（三）虹桥

虹桥于清乾隆四十五年（1780 年）、光绪十八年（1892 年）先后重建，拱形单孔，花岗石砌成，平缓俊秀。桥全长 24 米，中宽 3.1 米，堍宽 3.5 米，拱跨 7.1 米，矢高 3 米（图 10–7）。1936 年因新开河开挖而移建虹桥弄西的通泰桥河。虹桥龙门石面刻有“轮回”图案，桥栏望柱雕有两对石狮，桥面石南北两侧刻有“虹桥”桥名。

图10-7　震泽虹桥

“虹桥晚眺”是原“震泽八景”之一，清代倪师孟在《虹桥晚眺》诗中写道：“寺拥残云明雁塔，波浮新月落虹桥。”

二、河道

震泽地处太湖平原，地势平缓，大部分地区的海拔都在 10 米左右，水患严重。经过漫长的自然变迁以及当地居民为农业灌溉挖河修渠，形成了水网密布、河道纵横的格局。

震泽水网脉络自明清时期就已形成，由穿镇而过的东西向交通性古頔塘河构成震泽古镇的水网主骨架（图 10–8），后在古镇以北新开凿了与其平行的新开河，形成了两河夹镇的空间结构。古頔塘河是明清时期震泽古镇丝业贸易、农副产品交易的重要水上通道，頔塘河东达平望镇，西至南浔，现为古镇区游船的主要航线。支流三里塘、庄桥河、通泰桥河等河道鱼骨状与主运河交接，河道形态自然，宽度以 5 ~ 12 米为主，常作为古镇居民日常生活所用。

古頔塘河与通泰桥河作为古镇区东西与南北双向的主要交通水路，沿岸分布着大量河埠码头，用于丝商等商船泊船卸货或日常劳作汲水洗刷。其中以古頔塘河南侧河埠较多（图 10–9）。

图10-8　震泽市河

图10-9　震泽市河雪景

第五节　特色街巷

镇区街道多以桥、河为名，如砥定街因砥定桥而得名，斜桥街、藕河街则因斜桥和藕河而得名，后来因填河筑路，桥梁皆废，但在街巷名称中仍可窥见当年小桥流水的韵致。又或者因沿街建筑而得名，如银行弄因弄内的江丰农工银行而改名，周坊元因住户周氏经营丝绸行庄的招牌而得名，司前弄因巡检司署命名，城隍庙弄因城隍庙的原址而得名。虽然这些建筑多已无存，但这些街巷仍然在提示着当年的繁华。

一、宝塔街

宝塔街与南侧市河（古頔塘河）并行，东起禹迹桥，西至斜桥，旧名东大街，全长 368 米，街面不宽，中段尤窄，最狭处两旁屋檐仅留一线天穹。宝塔街街面少弯，通视良好，置身街道东望则可透过拱门看见慈云塔刹，以拱门框景、以塔刹为对景、弄和塔明暗对比的设计极具匠心，恰似一幅天然图画（图 10–10）。

宝塔街上有两个坊，三官堂弄东为仁安坊，三官堂弄西为仁里坊。宝塔街上以明清、民国建筑居多，建筑风格保留着江南风貌，带有一些“徽派”特色。北侧三进及三进以上的老宅有十几处，如师俭堂、懋德堂、五本堂、九世堂等。老街上居民保留着正月十五闹元宵，除夕夜去慈云禅寺烧头香、敲头钟等习俗。

宝塔街为震泽镇最繁华的街道，店铺鳞次（图 10–11）。东为进镇通径，是镇东北郊乡民上街必经之路。旧时街上有慈云禅寺、总管堂、祠山庙等祠庙，米业公所、新安会所（安徽茶商同乡同业组织）等行会，以及财大气粗的恒懋昶、恒孚、杨同昌、毕万茂、黄鉴记、黄应记、钮炳记等丝经行，因此行人如织，川流不息，尤其是上午摩肩接踵，热闹非凡。现今的宝塔街较为完整地保存了临水商业街市的独特格局，是震泽古镇因商贸繁荣带来消费文化兴盛的集中体验之地。

图10–10　震泽宝塔街对景慈云寺塔

图10–11　震泽宝塔街

二、砥定街

砥定街与南侧市河（古𬱖塘河）并行，河街相邻，曾为镇上最繁华的街道之一（图10–12）。自斜桥河西口至通泰桥，并延伸至斜桥东与宝塔街相连，全长405米。旧名底定坊，后名底定街，因底定桥而得名，桥名源出于《禹贡》“三江既入，震泽底定”。清中至近代，震泽丝市兴旺，全镇丝行皆集中于此，并延伸至斜桥东，故又称为“丝行埭”。1971年底定古桥被改建为水泥桥时，被更名为“砥定”，取“中流砥柱”之意。

图10–12　震泽砥定街

三、花山头

街巷东接彭康弄，西至文武坊，南连四宜轩弄，呈“丁”字形，全长405米，为“两房夹一街”的内街（图10–13）。该街得名于镇北旧有俗呼花山的一土埠，1958年填河取土时被铲平。街巷两侧分布有多处典型的江南民居，包括耕香堂、馀庆堂、忠恕堂等。

四、银行弄

自砥定街至文武坊，全长95米，旧名张家弄。1919年乡绅施肇曾创办私营江丰农工银行于银行弄内，遂改名为银行弄（图10–14）。该巷长见证了震泽民国时期丝市兴衰和儒商实业救国的历史。

图10-13　震泽花山头街

图10-14　震泽银行弄

五、周坊元弄

周坊元弄位于镇北藕河街西段。曾为丝绸行庄经营者清代富商周氏家族聚居之地，周坊元本是周氏经营丝绸行庄的招牌，因此得名。该弄由东、中、西三弄构成，其中东弄为现今镇上唯一完整的石板弄（图10-15）。三弄彼此之间连通需从民居室内穿越，空间体验十分独特。周坊元弄两侧主要为明清建筑，清光绪年间周氏子弟中举人、进士各一名，后者任翰林院编修，周宅正厅旧称翰林第。

图10–15 震泽周坊元东弄

第六节 传统建筑

震泽历史悠久，历史文化遗存众多。现全镇保存约有 12 万平方米的明清古建筑群落。从建筑风格来看，由于地处江浙交界，且商贸活动频繁，古镇传统建筑兼具苏式和浙江风格，还融入了徽派建筑风格与西洋风格，虽各不相同，但格局相似。明清建筑大多为两层，高墙大院、庭院回廊，配有落地长窗，天井花园内种植名贵植物。室内讲究雕刻，石雕、木雕、漆雕技艺考究，惟妙惟肖；民国时期建筑普遍装饰有釉彩玻璃，西风东渐初现端倪。沿頔塘河滨水建筑多廊棚，马头墙、观音兜、中西合璧等山墙形式多样，建筑风格上体现了江浙交汇、西风东渐等特点（图 10–16）。从建造时间来看，大部分建筑建于清末民初年间，极具地方特色；从建筑类型来看，有寺庙、祠堂、民居、学校、丝业建筑等；从建筑规模来看，师俭堂、砚华堂为五到六进建筑，其他多为两到四进民居；从布局特点来看，建筑布局亲水，中轴线与河道、主要街巷垂直，沿河道、街巷平面展开，建筑特色突出，宅院多有小园林。古镇沿河展开的院落式江南传统民居，与错落有致、幽深整洁的小街小巷一起，构成了古朴宁静的古镇居住环境。

图10-16　震泽传统建筑马头墙

一、名宅

（一）师俭堂

师俭堂位于宝塔街12号，始建为清初，太平天国期间毁于战火，于清同治三年（1864年）重修竣工。主人为经营丝经和米粮起家号称“徐半镇”的震泽儒商徐汝福。师俭堂名称来历，一说为“效法张俭”，张俭为东汉人，以高风亮节闻名，师俭堂的主人即崇尚此人而取名；另一说取萧何临终之言，告诫子孙“崇尚节俭”之意。

师俭堂坐北朝南，以三条轴线整齐排列，其中主体中轴线共六进，面阔均为五间，集漆雕、木雕、石雕、砖雕等艺术于一体，兼具苏派造园艺术和徽派建筑风格。师俭堂为一处河埠、行栈、街道、店铺、厅堂、花园、内宅相互组合的晚清建筑群，空间格局十分独特。建筑以宝塔街为界，分南北两部分：北面的四进厅堂是居家的庭院园林（图10-17），幽静典雅；南面的两进是个米行（图10-18），热闹繁忙，米行紧邻市河，设码头便于运货，前门上轿，后门下船，商贸往来便捷。师俭堂是一座反映晚清工商士绅坐行经商时代特点和地方特色的典型传统建筑。

图10-17　震泽师俭堂，厅堂部分

图10-18　震泽师俭堂，沿河米行部分

（二）正修堂

正修堂位于藕河街潘家扇东弄 13 号。建于清光绪十三年（1887 年），主人为丝商顾少彝，由吴县香山派名匠马如龙设计监造。全宅砖、石、木各类雕饰奇绝，戏文花卉木刻雕刻精细，内容丰富，工艺精美，堪称雕刻中的精品，尤以木雕门楼最为突出。坐北朝南，三进三间，第一进为木雕门楼，门楼上雕有戏文故事和双凤朝阳图案（图 10-19）。

（三）一本堂

一本堂位于文武坊 21 号。始建于清顺治七年（1644 年），中国近代第一个丝商股份制商业银行的创办人施肇曾出生于此。该堂坐北朝南，面阔三间，共四进。第一进为墙门间，四扇木门，木门上部为木花格，呈“福、禄、富、贵”字样；第二进至第四进为二层楼房，第二进有石板小天井和砖雕门楼。建筑有西洋气息，落地长窗上原有木花格配有蛎壳窗，现改为玻璃，长窗刻有花卉吉祥图案，体现了当时的建筑技术和雕刻艺术特色（图 10-20）。

（四）耕香堂

耕香堂位于花山头 42 号。为清末民国时期大地主邱辅卿的私宅，重建于 1923 年，后于 2011 年由政府出资重建。该堂坐北朝南，分东西两路，均为一进二层西式楼房。为砖木结构，清代制式，建筑风格中西合璧。该堂建筑用材考究，内部装饰呈现晚清建筑特色与西洋建筑风格相结合的特点（图 10-21）。

图10-19　震泽正修堂

图10-20　震泽一本堂

图10-21　震泽耕香堂

二、公共建筑

因丝业发展导致商贸与文化的兴盛，震泽古镇在民国时期逐步成为地区中心。便利的交通和临近上海的地缘优势，促进了崇文重教的地方文化，且深受西方文化的影响，多元开放的文化交融成震泽古镇独具一格的特质。在此背景下，除了地方传统建筑外，震泽古镇兴建了具有近代西方城市建设思想的公园和具有西方文化特征的公共建筑。

（一）慈云寺塔

慈云寺塔坐落于古镇东北部宝塔街东栅慈云寺内，是吴江境内现存唯一一座古塔，不仅是震泽古镇的标志性建筑，也是吴越交界处的重要地标（图 10–22）。古塔为砖身木檐楼阁式塔，六面五级，由塔壁、回廊、塔室组成，总高 38.44 米，其中塔刹占总高的四分之一。拾梯而上可以远眺四方，市井风光和乡野景色尽收眼底。慈云寺塔与禹迹桥、分水墩相映成景，构成镇东最美的景观，也是原“震泽八景”中“慈云夕照”和“飞阁风帆”重要的观景点和景观点（图 10–23）。

图10-22　震泽慈云寺与塔

图10-23　震泽慈云寺塔夜景

慈云塔所在的慈云寺始建于宋咸淳年间（1260—1274 年），明正统年间（1436—1449 年）僧道泽重建，旧名广济寺。天顺年间（1457—1464 年），御赐“慈云禅寺”额。清咸丰十年（1860 年）寺毁于兵乱，唯塔独存。该塔传说是孙权之妹孙尚香为思念夫君刘备所建的望夫塔。

（二）丝业公学

丝业公学位于藕河街，建于民国 12 年（1923 年）。震泽丝商除崇尚俭约的内修外，亦崇以商助教之传统。为便于业内子弟就学而筹建的丝业公学，开辟了吴江行业办学的先河。该建筑为西洋式二层楼房，坐北面南，面阔四间，前有红砖拱形走廊，左右侧连接厢楼，墙体由青砖砌成。以规模、校舍及其他设施而言，堪称当时一流的洋学堂。丝业公学由上海汤文记水木作承建，原二幢，现尚存南面一幢教学楼，为鲜明的历史佐证（图 10–24）。

民国时期震泽的丝商富户均在此处开会讨论重大事宜，也是震泽举办丝绸展览的重要场所。后来当代黄道婆费达生女士等人也在此处传播教育土丝改良法，为丝织业培养新人。

图10–24　震泽丝业公学

（三）江丰银行

江丰银行位于银行弄内，1921 年建成，是中国近代第一个丝商股份制商业银行，见证了中国丝绸的百年兴衰。建筑风格为罗马柱门框的西式建筑。1919 年，由商人施肇曾发起，施家族人配合，江浙一带工商界积极响应的江丰农工银行正式成立（图 10–25）。

三、震泽公园

震泽公园位于公园路西，占地约 4 万平方米，利用 1935 年开凿新开河后挖掘土方，后经募捐而建成，原为“震泽八景”之一“虹桥远眺”的旧处。按其规模及布局，为当时吴江三大公园之最（图 10–26）。

图10–25　震泽江丰银行

图10–26　震泽公园

震泽公园筑园时因势利导，巧借地物，开池疏浚，起伏错落，广植松柏花卉，草木葱茏，绿树长青，四时争妍。1936 年，公园初成，后来几经兴废。1985 年，震泽公园大门改设于东向，门上匾额“震泽公园”四字为费孝通先生手书。震泽公园是古镇民众重要的公共活动场所，充分反映了震泽中西交融的文化特征，也见证了古镇新开河的开挖贯通。

四、产业建筑

震丰缫丝厂为民国震泽县内第一家机器缫丝厂，位于震泽镇东栅张湾桥畔，新汽车站南。由震泽丝业界施肇曾等牵头，与上海丰泰厂业主孙荣昌于民国十八年（1929 年）合作创办。缫丝厂拥有意大利坐缫车 200 多台，人员 600 余，使用金双豹及玉佛牌商标。当年产品送展杭州西湖博览会，获一等奖。民国十九年（1930 年）下半年，震丰缫丝厂续建第二缫丝车间，增排丝车 208 台，职工总数增至 950 人。后因丝市不景气，至民国二十三年（1934 年）底停产。

次年，江苏省私立女子蚕校租赁接办，更名为震泽制丝所，变自营为代烘代缫，由蚕丝专家费达生任经理，当年产厂丝 1 200 担。民国 26 年（1937 年），震泽制丝所将一个车间的坐缫车全部改装成立缫车，生产效率显著提高。制丝所还与周围蚕业合作社建立了代烘、代缫业务联系，使绸厂获得优质的原料，也提高了蚕农的经济收入。

该厂作为震泽丝绸产业发展的一个缩影，保留的部分建筑被保护再利用作为震泽丝创园，于 2017 年开园，面向社会开放。园内设蚕丝博物馆、成衣定制中心、文化创客空间、创意展示秀场等，是江苏省内最为专业、最具文化内涵的丝绸文化产业创意展示与公共服务平台之一（图 10–27）。

图10-27　震泽丝绸文化创意产业园

第七节　文博展馆

一、太湖雪丝绸博物馆

太湖雪是震泽蚕桑的著名品牌之一，太湖雪丝绸博物馆是以蚕桑文化为主题的生态园——太湖雪蚕桑文化园重要的组成部分，坐落于震泽湿地公园内。展厅为一个恢弘大气的现代四合院式建筑，装修布置无不渗透着蚕桑文化的元素，面积达 4 000 平方米，以蚕的生命历程为主线，让参观者知晓栽桑、养蚕、剥茧、缫丝、制被等传统手工艺。文化园中还有约 1.33 平方千米优质桑园，是集农业示范、蚕桑科研、文化休闲、科普展示、生态旅游于一体的特色产业园。

图10-28　震泽太湖雪蚕桑文化园

图10-29　震泽农具博物馆

二、农具博物馆与农家菜博物馆

农具博物馆与农家菜博物馆原址均为震泽镇粮管所的勤俭仓库，位于镇西市河南岸，与慈云寺塔隔河相望。两馆于 2011 年正式开馆。

农具博物馆为展示太湖流域农耕文化及震泽悠久的丝纺织业发展历史的主题展馆，共陈列有 137 件江南旧式稻作农具和丝纺织业器具（图 10-29）。

农家菜博物馆为弘扬中华饮食文化，倡导“绿色、健康、营养”饮食，传承和创新太湖农家菜的主题展馆，以栩栩如生的食物菜品模型展示着独具震泽乡土味道的农家菜肴。

第八节　名点佳肴

震泽古镇美食风味独特，各色美味琳琅满目。

一、四碗茶

震泽人待客之道中最有特色的是四碗茶，即水铺蛋、待帝茶、熏豆茶和绿茶。

头道茶是水铺鸡蛋，原是用来招待新女婿的，后来演变为招待所有贵客的茶。选上等的新鲜散养鸡蛋，烧开水，敲蛋下锅，起碗时白色蛋清连着蛋黄，热气里透着香气。

二道茶叫锅糍茶，也叫饭糍干茶，当地方言叫“待帝茶”。一般用来招待贵客，或是招待第一次上门的新客及来访的亲戚。饭糍干茶确切应称为饭糍干汤，却是一道不用茶叶的茶礼，只是饭糍干加糖冲上开水即成，如白云片片、梨花朵朵，满屋生香，软而不烂，香甜适口。饮用虽然方便，但饭糍干的制作却很是费劲，所以也就显出此茶的礼重。冬春时期，喝一碗饭糍干茶，驱寒点饥。

第三道是熏豆茶，熏豆茶中只有少量嫩绿的茶叶，更多的是称之为“茶里果”的佐料：熏豆（又名熏青豆）、白芝麻、卜子（学名为紫苏）、橙皮、丁香萝卜干（即胡萝卜干），以上五种一般在冲泡前以适量的比例调和，装入储存罐中备用。此外，当地人还根据各自的喜好和条件，在“茶里果”中加入青橄榄、扁尖笋干、香豆腐干、咸桂花、腌姜片等多种佐料。待所有的“茶里果”投放完毕以后，再放上几片嫩绿的茶叶，以沸水冲泡，一碗兼有“色香味形”特点的熏豆茶就可品尝了。此茶的特点是多色多味，乡土气息浓郁。

第四道是清茶，即绿茶。当地人又谦称为淡水茶。

二、黑豆腐干

黑豆腐干是震泽著名特产，享誉苏嘉湖。早在清乾隆年间已颇闻名，相传乾隆皇帝出京南巡时，吴江知县献奉的土特产品中就有黑豆腐干。乾隆皇帝品尝后称赞不已，因此成为贡品，特立黑漆金字“进呈茶干”的招牌，竖立店堂。因为黑豆腐干也可作茶点，所以又叫茶干。

制作黑豆腐干从选料到工艺操作极为讲究，环环紧扣。黄豆只选当季产者，要粒大饱满，投料以前先经人工挑拣，去除霉粒、瘪粒及其他杂质。其后经浸、碾、滤、煮、点（浆）、划（块）、包（裹）、压（榨）、除（腥）等工序，生产过程皆由“把作师傅”严格把关，一丝不苟。白坯豆腐干只是半成品，须得用调料再加工。调料以晒制的豆瓣酱为底料，加入虾汤“吊鲜”，近代则改用味精，再加冰糖、菜籽油、茴香、桂皮等，干坯在上述各料的混合汤汁中文火煨煮，使液汁渗入其内，表里均匀，此谓“头汤”。再用饴糖熬成的天然酱色液加以润色，称为“二汤”。豆腐干在二汤出锅后，外观乌黑锃亮，香气馥郁，即为成品。其味鲜美，甜咸适中；其质细韧，折而不裂，被人誉为“素火腿”。此外，切成丁则成为熏青豆茶的佐料。

三、麦芽塌饼

震泽古镇上的仁昌食品店主推的传统食品之一是麦芽塌饼。麦芽塌饼是清明至立夏间制作的一种农家美食，又称谷芽饼。虽然表面煎得焦黄，看上去其貌不扬，但吃起来却清香扑鼻、细腻甜糯。麦芽塌饼的制作要比青团子复杂一些，先将大麦浸水，发芽后晒干磨成粉待用；在村间田埂上采得鼠曲草，洗净晒干。在米粉中掺入适量的麦芽粉，这是做好麦芽塌饼的关键，掺少了饼子不“塌”，食之会有硬硬的感觉；掺多了，饼子会“塌”得不成形。然后，把煮熟剁烂的鼠曲草和入麦米粉中，包馅成饼。馅料通常为赤豆沙主打，再加猪板油粒、松子和胡桃肉。在饼的外层撒上芝麻，用猛火蒸煮。出笼待饼凉后，在平底的锅上油煎，煎至撒芝麻的一面略呈金黄色，再用刷子涂上用麦芽做的糖水。

第十一章 水乡人文名镇：黎里

黎里地处“吴头越尾”，古称梨花村，又名梨花里。清代著名诗人袁牧的《黎里行》中的 “吴江三十里，地号梨花村。我似捕鱼翁，来问桃源津”，是古镇最美丽的写照。黎里诗书富户多，宅院深深，市河精致，符合风雅的江南人文气质（图 11-1）。[①]

图11-1 黎里河街

① [清]徐达源. 黎里志[M]. 扬州：广陵书社，2011.

黎里自古民风淳朴，多数人家崇尚读书，诗书绕耳，历史上出过状元、进士、举人、秀才无数。南宋有赵磻老和魏宪，至今留存的东圣堂就是为纪念黎里镇奠基人赵磻老而建。清代乾嘉年间镇上主要姓氏 “周、陈、李、蒯、汝、陆、徐、蔡”八大家中走出了数以百计不同领域、不同层次的人才。辛亥革命后，爱国诗人柳亚子，女革命家张应春，南社、新南社积极分子蔡寅、毛啸岑、朱剑芒等 20 多人，都曾在黎里居住。黎里民俗活动很多，如祭祀和庙会、立夏野火饭、中秋显宝、叫火烛、猜灯谜等，其中以元代发端、晚清达到鼎盛的中秋显宝最具特点，中秋前后三天，黎里多数寺庙、社坛（如东圣堂）、八大姓都要显出自家的宝物，是黎里富家大姓们汇聚展示宝物的盛事，类似于现在的文物展览交易活动，是黎里当地特有的文化交流方式。

第一节　历史演变

黎里历史可追溯至 2 500 年前，唐代为村；宋代建罗汉讲寺，因寺兴市，因市成镇；明清至民国时期，为粮食和商贸重镇；历史上为吴江地区七大重镇之一。

春秋时期，黎里古镇的御儿荡为吴越分界的一部分；至唐代，黎里已是一个规模较大的村落；北宋时期，黎里为两个村落；南宋时期，许多北民迁徙到黎里定居，使东西两个村落衔接起来，成为“市”；元代，黎里人口继续增加，整理开挖原本的天然河道，东西向市河开始形成，河埠驳岸等设施开始修筑；明清时期是黎里发展的兴盛期，明成弘年间（1465—1505 年），黎里镇居民有千百家，真正成为江南商贸巨镇；至清嘉庆年间（1798—1820 年），黎里自东至西长三里半，人口稠密，瓦屋鳞次栉比，市场繁荣，舟楫塞港，街道行人摩肩接踵。民国后至今一直为吴江地区商贸重镇。①

① 《黎里镇志》编纂委员会. 黎里镇志[M]. 北京：方志出版社，2017.

第二节　名人辈出

南宋以来，黎里人文荟萃，人才辈出，有状元 1 人、进士 26 名、举人 61 名。南宋时有赵磻老、魏宪和魏志，有状元魏汝贤；明代有凭外交安抚安南国的太常寺少卿凌信，有著名女画家汝文淑；清代有工部尚书周元理，搅入杨乃武小白菜案的浙江按察使蒯贺荪，编写《黎里志》和《黎里续志》的徐达源和蔡丙圻，抗击沙俄的爱国将领张曜，等等。

黎里近现代著名人物更多，有 1903 年创办吴江第一所女学的倪寿芝，袁世凯复辟时宣布吴江独立的殷佩六，爱国诗人南社主帅柳亚子，中国第一代影星殷明珠，国际大法官倪徵㬇，中共早期妇女领袖张应春，“是医国手”（孙中山语）金诵盘，水利专家汝贤，农学家倪慰农，翻译出版家蒯斯曛，教育家柳无忌，竹刻家徐孝穆，还有南社、新南社社员蔡寅、朱剑芒、毛啸岑等。

柳亚子（1887—1958 年）先生是我国近代著名的爱国诗人和革命家，在中国近代革命史和文学史上占有重要的历史地位，创办并主持南社，他从 12 岁到 41 岁在黎里度过了 29 个春秋。他曾任孙中山总统府秘书，中国国民党中央监察委员、上海通志馆馆长。年轻时候的柳亚子站在辛亥革命最前沿，意气风发。中年的柳亚子成熟稳重，作品无数，著有《柳亚子自传年谱》《磨剑室诗集》《词集文集》《南社纪略》等。晚年的柳亚子与毛泽东主席结识为老友，相互赠诗，传为佳话。

第三节　古镇形态

黎里古镇地处江南水网密布区域，周边四湖荡环绕、圩岛河网交织。历史上黎里水运发达，初期发展依托便利的水运，因寺（罗汉寺）成市、因市成镇，是周边区域历史上重要的商贸古镇。古镇主要沿市河东西向展开，原来较为密布的河道后因城镇和道路建设需要进行了部分填埋，逐渐形成了“丁”字形主河主街的基本空间格局。直到今天，这样的格局仍然完好地保存着，东西向市河连绵约 1 200 米（丁字河到梅兰桥口），深宅大院沿河展开。市河向西经过杨家桥后向南北两侧分岔，南北距离约 500 米。

古镇河街相依，沿主要河道的主要街巷构成了“一河两街”的空间格局。街巷线形随河流及驳岸走向，曲折有致，宽度 2 ~ 9 米。主要河道两侧密布垂直于河道的街巷，由沿河主街向街坊内部延伸，串联各个宅院，逼仄幽深，形成黎里特有的窄弄空间。南北腹地以市河为界，北侧进深较大，平均进深约 150 米；南侧较窄，平均进深约 80 米，最窄处仅 50 米左右（图 11–2）。

图11–2　黎里古镇现状肌理图

第四节　河桥巷弄

黎里街巷格局经历了一个漫长的历史演变过程。明代中期以前，黎里是一个一河两岸型集镇；从明代后期开始，老街又由明月桥向南北拓展出横街，形成“丁”字形镇区；清代，再向西扩展，镇区老街由“丁”字形发展为“十”字形。现黎里河街相依的格局完整，密集的窄弄和多进宅院在市河两侧呈鱼骨状分布，使得古镇呈现出一种与众不同的空间特色。沿市河上分布众多桥梁，其中许多都保留了明清时期的原有风貌，水乡特色鲜明。

一、市河

黎里的市河沿东西向贯穿古镇，长约2 500米，为古镇与周边水系沟通的主要通道，是古镇城镇空间结构的骨架（图11-3）。900多年前的市河并非现今的模样，河道宽窄不定。在迎祥桥东原本有一段沼泽地，低洼荒芜，经过先民们的整理，开挖市河，从而由东向西形成了三里半的市河。

黎里古镇的发展以市河为轴线展开，结构简单清晰，决定了市河历史上在城镇生活中不可取代的核心地位。市河两侧街道较宽，沿街民居均以底层开店为主，是城镇公共活动的集中区域。

图11-3　黎里市河

图11-4　黎里市河驳岸

市河两侧现状仍然保留有大量清末到民国时期的建筑，以及多处窄弄、传统宅院、历史遗迹与古树、古井、埠头、桥梁、庭院绿化、街巷铺砌等历史环境要素，市河两侧一派绿意盎然的景象。

黎里市河的驳岸筑驳于元代，为分段护卫河埠的间隔型驳岸（图 11-4）。到明代，驳岸连为系统。市河的河道都以条石护壁筑成驳岸，长千余米，既保证了河道整齐美观，又防止了河道因驳岸倒塌而淤塞。黎里现在石驳岸全长 3 718 米，平均 15 米左右建有一座河埠，共有河埠 256 座，有淌水式、单落水、双落水，还有悬挑式。黎里石驳岸上洞穴式揽船石众多，现有 254 颗，其中市河两岸有 199 件之多，揽船石三分之一以上雕有纹饰，十分精巧细致，栩栩如生，纹饰图案总共 40 余种。

二、廊棚

历史上黎里古镇廊棚成段，依河道而建（图 11-5），极富水乡韵味，是古镇上典型的建筑类型之一。廊棚既为路人遮风避雨，又是小镇居民休闲聊天的交际场所。

图11-5　黎里廊棚

图11-6　黎里转角廊棚

据袁枚的《黎里行》记载，“长廊三里覆，无须垫角巾”。明清时期，黎里上下两岸，自东向西搭建廊棚，晴天不打伞，雨天不湿鞋。古镇整修前，黎里的廊棚已不完整，南岸仍有连续的段落，而北岸则已零星散落。

廊棚是店铺或者住宅的延伸空间，是商业、家务、休憩等多种功能的复合空间。黎里的廊棚绵延三里，宽度则依照河道而变化，样式丰富多样，有披檐式、人字式、骑楼式及过街式等多种形式（图 11-6）。

黎里的廊棚，是当地老百姓心目中重要的文化标记。黎里的廊棚形式很多，有的单面邻水，有的建在邻水建筑背侧，有的有亭，不一而足，更有袁枚关于廊棚的美丽记述。对于黎里大多数的老居民而言，沿着市河连续不断的廊棚，是儿时的记忆（图 11-7）。

图11-7　黎里市河两侧廊棚

三、弄堂

黎里古镇至今仍保留有115条弄堂，古镇弄堂之多、结构之奇，为江南古镇之少有。黎里的弄堂以备弄居多，明弄25条（图11-8），为不同人家的分界线；备弄有90条，一般来说是一家一户所用，少数设在两姓之间。

黎里的弄堂中，以人的姓氏命名的有72条。李厅弄、大兴弄、黄祥太弄、中徐家弄、西徐家弄、祥和弄、凌家弄、鸿寿弄和西当弄9条弄堂都超过百米，最长的是李厅弄，有135.7米。西王家弄、胡家弄、毛家池弄、陈家湾堂弄、九洲弄、周赐福弄、西邱家弄、哺坊弄、新蒯家弄和北蔡家弄也都是90米以上的深弄。古镇弄堂形式多样，有廊棚是廊街（图11-9），有走马堂楼底的跨楼弄，有通向河道的水弄（图11-10），有通向庭院的备弄（图11-11），有两弄紧依的鸳鸯弄，有直插镇外的通风弄，还有弄内生弄的母子弄。这些巷弄或明或暗，大小不一，交叉错落，连接形成了黎里古镇最具特色的巷弄空间。

四、古桥

形状各异的古桥横跨在市河两侧，大多始建于宋、明两代，具有较高的历史文化价值。在市河之上，至今尚保存着古桥八座，南北横跨的有青龙桥、迎祥桥、梯云桥、

图11-8　黎里深弄

图11-9　黎里廊街

图11-10　通向市河的水弄，黎里镇

图11-11　通向庭院的备弄，黎里镇

图11-12　黎里道南桥

进登桥，东西横跨的有道南桥、清风桥、望恩桥和秋禊桥。桥的形式多样，有单拱石桥，梁式石桥，还有梁式三孔石桥。[①]

（一）道南桥

该桥位于市河中段，桥在河南，取名“道南桥”（图 11-12）。清光绪二十三年（1897年）重建，为花岗石单孔石桥，桥长 17.3 米，宽 2.75 米。桥中间镌有“五蝠捧寿”图案，桥面设计独特，上狭下宽，呈喇叭形，与市河水下倒影组成一个浑厚的圆形，有虚有实。

（二）迎祥桥

桥的形态大有临空飞架的不凡气质，三孔梁式石桥，高高隆起。清同治八年（1869年）重建，原为花岗石材质，长 18.4 米，宽 2.2 米，栏板石已改用砖砌。东西两侧有桥联两幅，桥身保存完整（图 11-13）。

（三）梯云桥

单孔石桥，建于市河中段，为古镇最窄的桥，宽度仅为 2.15 米。桥墩内侧各增建有一个泄水孔，既美观又延长桥身寿命，独具匠心。民国二年（1913 年）再度重建，现栏板石及桥身基本保存完好（图 11-14）。

---

① 周山南．古镇黎里[M]．苏州：古吴轩出版社，2013.

图11-13　黎里迎祥桥

图11-14　黎里梯云桥

（四）青龙桥

明代单孔石拱桥，清道光二十九年（1849 年）重建，位于古镇东栅的市河口。明代遗存的桥栏望柱上刻有覆莲纹饰，两对龙首耳保存完整，雕刻精致（图 11-15）。

图11-15　黎里青龙桥

第五节　传统建筑

黎里古镇保存的传统建筑中以明清建筑居多：明代的厅堂（鸿寿堂），清代的众多宅院、官宦望族的祠堂、退野名士的园林（如五亩园、端本园）等，密集分布于老街。其中文物价值较高的有：与南社革命文化有关的柳亚子旧居、南社通讯处旧址，古建研究价值较高的鸿寿堂及洛雅草堂，宗教和中秋显宝活动的东圣堂，家祠祭孔研究的周宫傅祠堂，当地文化浓郁的徐达源故居、退一步处，黎里重要的书场新蒯厅、李厅正厅“易安堂”，近代建筑沈宅鸳鸯厅，出众多进士的进士第，东西并列的双厅邱宅德芬堂、敬承堂，历史价值较高的汝氏砖刻门楼、中徐宅砖刻门楼等。黎里传统建筑的门面一般并不张扬，然而里面却层层进深，民居多朝向市河并中轴线对称。

一、名宅

黎里古民居“庭院深深深几许”，是名副其实的“深宅大院”。宅第少则三四进，多则七八进；每间面阔 3 ～ 4 米，开间一般为三到五开间，也有七开间的，进深五檩到九檩，而最后一进，则往往连接着古宅的花园。

图11-16　黎里柳亚子故居正厅

（一）**柳亚子旧居**

位于黎里中心街30号。柳亚子旧居始建于清乾隆年间，为工部尚书周元理私邸，名赐福堂（图11-16），前后六进，建筑面积2 862平方米，最深处的五亩园，则是其花园，是江南大型厅堂式住宅。厅堂宽宏，备弄绵长，建筑装饰考究。几座砖雕仪门最为精良，花纹镂空，雕刻实属上品，具有较高的建筑艺术价值。

柳亚子是革命团体南社、新南社的主要发起者，因而他的故居也就成了南社、新南社的司令部。在这里，他曾和来访的社友纵谈国事，讨论文章，抨击时政，抒发忧国忧民之抱负。他曾在黎里创刊《新黎里》报、《三五》半月刊，宣传国民革命，还曾发信邀请共产党人候绍裘、杨之华、肖楚女、沈雁冰等前来黎里演讲，宣扬民主革命，当时使黎里成为全县瞩目的地方。民国16年（1927年）5月8日夜半，国民党当局来黎里武装搜捕柳亚子，他匿于“复壁”中得以脱身。现在这一“复壁”已成为柳亚子先生当年坚持孙中山先生“三大政策”的历史见证。

（二）**鸿寿堂及洛雅草堂**

鸿寿堂和洛雅草堂原名鸿寿堂周宅，为清乾隆时期工部尚书周元理之从兄周王图的住宅。本有七进纵深，现留有五进，其中第三进平厅鸿寿堂最为古老，是明代建筑；其次是末进平厅，名古芬山馆；第四进称洛雅草堂，为清嘉庆、道光年间的建筑。

鸿寿堂三开间平厅，面积171平方米。屋檐较低，用木鼓墩作柱础，梁架用料厚实，上有加官翅和云状堆砌之雕花（图11-17）。木础的建筑研究价值极高，国内十分少见，在鸿寿堂内有12个。鸿寿堂的木鼓墩，质地楠木，不加藻饰，呈圆台形，高7厘米，上直径18厘米，下直径24.8厘米，下面是一块四方形的青石，青石上刻有阴槽，木

图11–17　黎里鸿寿堂

图11–18　黎里东圣堂

鼓墩正好镶嵌在里面，是明代江南建筑的特例。

洛雅草堂三楼三底两厢楼，是清代典型的小宅院建筑。目前梁栋门窗等基本保持原状，梁上有仿明的加官翅四只，雕有花纹，厅上存有洛雅草堂匾额一块。

二、公共建筑

（一）东圣堂

位于黎里平楼街。是为纪念黎里镇的奠基人赵磻老而建立的圣堂，建于南宋。明嘉靖三年，吴江知县王纪改为社坛。清雍正、同治、光绪年间先后重修。东圣堂古名普济禅院，现存一座厅堂，两个厢房，一个门厅（图 11–18）。在东圣堂内发现王纪所立社坛碑一块，门口西侧墙上原有清光绪三十年（1904 年）苏州府严禁农民抗租碑一块，两碑现保存在柳亚子故居内。

社坛在吴江地区很少见，社坛碑对研究当时的民风民俗、乡规民约颇有价值。严禁抗租碑，反映了清末黎里地区阶级矛盾的尖锐，引起了史学界的重视，具有很高的史料价值。

（二）周宫傅祠

清乾隆时期工部尚书、太子少傅周元理的家祭祠堂，原名宫傅周公祠，一直是周元理后裔家祭之处。此祠堂建于清乾隆六十年（1795 年），原有房屋六进，第四进为祭厅。六进房屋，第一进毁于大火，第三进被拆除，现存第二进楼房和第四进祭厅保存完好，第五、第六两进被学校改建，仅有部分残存。现存祭祀用的大厅一座，三开间，屋宇高轩古朴，屋架基本完整，面积 121.21 平方米（图 11–19）。周宫傅祠内

图11-19　黎里周公傅祠

图11-20　黎里端本园

有清乾隆御笔所赐祭碑一块，“文革”中被推倒，砍掉了首尾，碑文的一面字迹被磨平，仅存另一面谕祭文。

周宫傅祠民国初年曾作为祭孔场所。江南不乏祭孔祭祖之所，但家祠祭孔在整个吴江只有黎里周宫傅祠堂最为隆重。

（三）端本园

吴江名园之一，为清乾隆时通判陈鹤鸣所建，经多次修葺。该园原有曲廊、荷池、回廊、假山、亭、榭、楼、轩等，错落有致，景致宜人。园子因年久失修，现存的建筑只有双桂楼一栋和六角亭一座，但园子里花木茂盛，仍然看得出原来精巧秀丽的模样。后对端本园组织了修复，平波轩、迎宾厅、水榭等一系列建筑和荷花池得以复原，再现了端本园美景（图 11-20）。

第六节　文化展馆

一、柳亚子纪念馆

柳亚子纪念馆设于柳亚子故居内，纪念馆包括前面的茶厅、大厅，后面的生活起居楼和磨剑室书斋、复壁、藏书楼等，现有面积近 2 000 平方米。展馆陈列了丰富的柳亚子与南社的藏品与资料，是柳亚子与南社文物资料研究和展示的重要基地。

第二进茶厅布置为展览的序厅，大门正中，悬挂着全国人大原常委会副委员长廖承志题写的匾额：“柳亚子先生故居”；大厅内正中陈设一座柳亚子先生半身塑像（图11–21）。第三进大厅专柜内陈列了柳亚子创办的《新黎里报》实物样品，其中有《教育研究特刊》等报，该报是柳亚子早年积极从事民主革命活动的见证之一。第三进正厅赐福堂厅内陈列“南社专柜”，有照片、出版刊物《南社》等。赐福堂陈列南社出版的《南社丛刻》22 集，其中 3 至 7 集、9 至 20 集都是柳亚子所编订印行。

二、江南民俗博物馆

黎里江南民俗博物馆设于东圣堂内（图 11–22），地处市河北岸。东圣堂始建于南宋，也是黎里举行中秋“显宝”活动的公共场所之一。黎里的庙会起于元代，显宝也在元代发端，明代渐成气候，清代特别是晚清达到鼎盛。该馆内设有婚嫁馆、农耕生活馆等展区，通过具有代表性的生活用具的陈设，体现江南独具特色的生活方式和风土人情。

三、中国锡器博物馆

设于明代建筑毛宅内。毛家世代忠厚传家，人才辈出，明代走出了 4 位进士、多位举人。建筑古朴雄浑，最初由宅子的主人毛大亨建造。该馆为目前国内规模最大的锡器主题展馆，位于中心街，占地面积 1 500 平方米，各类锡器文物藏品 1 000 余套。博物馆充分利用古建特色，古器具和古民宅相得益彰（图 11–23）。

图11-21　黎里柳亚子纪念馆

图11-22　黎里江南民俗博物馆

图11-23　黎里锡器博物馆

图片来源

第一章插图

图1-1　林林 摄

图1-2　林林 摄

图1-3　人民美术出版社. 韩熙载夜宴图[M]. 北京：人民美术出版社，2013.

图1-4　中国古代书画鉴定组. 中国绘画全集6[M]. 杭州：浙江人民美术出版社，1999.

图1-5　张仁仁 摄

图1-6　张英霖. 苏州古城地图集[M]. 苏州：古吴轩出版社，2004.

图1-7　震泽旅游文化发展有限公司提供

图1-8　中国历史博物馆等.盛世滋生图[M]. 北京：文物出版社，1986.

第二章插图

图2-1　震泽旅游文化发展有限公司提供

图2-2　笔者自绘，底图为:《太湖水利史稿》编写组. 太湖水利史稿[M]. 南京：河海大学出版社，1993

图2-3　张仁仁 摄

图2-4　张仁仁 摄

图2-5　张仁仁 摄

第三章插图

图3-1　张仁仁 摄

图3-2　张仁仁 摄

图3-3　林林 摄

图3-4　张仁仁 摄

图3-5　张仁仁 摄

图3-6　周海波 摄

图3-7　阮涌三 摄

图3-8　张仁仁 摄

图3-9　张仁仁 摄

图3-10　林林 摄

图3-11　张仁仁 摄

图3-12　林林 摄

图3-13　张仁仁 摄

图3-14　震泽旅游文化发展有限公司提供

图3-15　李伟 摄

图3-16　吴冠中. 吴冠中画册[M]. 北京：轻工业出版社，1986.

图3-17　《周庄镇志》编纂委员会. 周庄镇志[M]. 南京：江苏人民出版社，2013

图3-18　杨明义. 沧浪晓月[J]. 世界知识画报（艺术视界），2018，4：80.

第四章插图

图4-1　《太湖水利史稿》编写组. 太湖水利史稿[M]. 南京：河海大学出版社，1993.

图4-2　曹允源，李根源.民国吴县志：中国地方志集成江苏府县志辑第11册 [M]. 南京：江苏古籍出版社，1991.

图4-3　朱家角镇人民政府提供

图4-4　凌刚强 摄

图4-5　张仁仁 摄

图4-6　张仁仁 摄

图4-7　上海同济城市规划设计研究院. 安昌古镇保护规划[Z]. 2003.

图4-8　林林 摄

图4-9　上海同济城市规划设计研究院. 南浔古镇保护规划[Z]. 2000.

图4-10　张仁仁 摄

图4-11　上海同济城市规划设计研究院. 甪直古镇保护规划[Z]. 1999.

图4-12　张仁仁 摄

图4-13　上海同济城市规划设计研究院. 同里古镇保护规划[Z]. 2000.

图4-14　张仁仁 摄

图4-15　上海同济城市规划设计研究院. 枫泾古镇保护规划[Z]. 2016.

图4-16　林林 摄

图4-17　张仁仁 摄

图4-18　林林 摄

图4-19　张仁仁 摄

图4-20　张仁仁 摄

图4-21　周海波 摄

图4-22　张仁仁 摄

图4-23　张仁仁 摄

图4-24　凌刚强 摄

图4-25　张仁仁 摄

图4-26　林林 摄

图4-27　震泽旅游文化发展有限公司提供

图4-28　林林 摄

图4-29　林林 摄

图4-30　林林 摄

图4-31　林林 摄

图4-32　张仁仁 摄

图4-33　张仁仁 摄

图4-34　阮涌三 摄

图4-35　震泽旅游文化发展有限公司提供

图4-36　张仁仁 摄

图4-37　震泽旅游文化发展有限公司提供

图4-38　邱树新 摄，震泽旅游文化发展有限公司提供

图4-39　凌刚强 摄

图4-40　张仁仁 摄

图4-41　震泽旅游文化发展有限公司提供

图4-42　江苏水乡周庄旅游股份有限公司提供

图4-43　西塘旅游文化发展有限公司提供

图4-44　西塘旅游文化发展有限公司提供

图4-45　张仁仁 摄

图4-46　张仁仁 摄

图4-47　凌刚强 摄

图4-48　张仁仁 摄

图4-49　震泽旅游文化发展有限公司提供

图4-50　张仁仁 摄

图4-51　张仁仁 摄

图4-52　张仁仁 摄

图4-53　张仁仁 摄

图4-54　张仁仁 摄

图4-55　林林 摄

图4-56　林林 摄

图4-57　林林 摄

图4-58　张仁仁 摄
图4-59　震泽旅游文化发展有限公司提供
图4-60　震泽旅游文化发展有限公司提供

第五章插图

图5-1　潘健 摄
图5-2　张英霖．苏州古城地图集[M]．苏州：古吴轩出版社，2004.
图5-3　苏州规划设计研究院股份有限公司．苏州历史文化名城保护规划[Z]．2013.
图5-4　林林 摄
图5-5　林林 摄
图5-6　阮涌三 摄
图5-7　潘健 摄
图5-8　阮涌三 摄
图5-9　阮涌三 摄
图5-10　阮涌三 摄
图5-11　林林 摄
图5-12　阮涌三 摄
图5-13　林林 摄
图5-14　笔者自绘
图5-15　林林 摄
图5-16　张仁仁 摄
图5-17　林林 摄
图5-18　潘健 摄
图5-19　张仁仁 摄
图5-20　阮涌三 摄
图5-21　笔者自绘
图5-22　阮涌三 摄
图5-23　张仁仁 摄
图5-24　阮涌三 摄
图5-25　阮涌三 摄
图5-26　阮涌三 摄
图5-27　阮涌三 摄
图5-28　阮涌三 摄
图5-29　阮涌三 摄
图5-30　阮涌三 摄

第六章插图

图6-1　周海东 摄
图6-2　《周庄镇志》编纂委员会．周庄镇志[M]．南京：江苏人民出版社，2013.
图6-3　上海同济城市规划设计研究院．周庄古镇保护规划[Z]．1995.
图6-4　张仁仁 摄
图6-5　张仁仁 摄
图6-6　张仁仁 摄
图6-7　江苏水乡周庄旅游股份有限公司提供
图6-8　江苏水乡周庄旅游股份有限公司提供
图6-9　江苏水乡周庄旅游股份有限公司提供
图6-10　江苏水乡周庄旅游股份有限公司提供
图6-11　江苏水乡周庄旅游股份有限公司提供
图6-12　张仁仁 摄
图6-13　张仁仁 摄
图6-14　张仁仁 摄
图6-15　张仁仁 摄
图6-16　上海同济城市规划设计研究院．周庄古镇保护规划[Z]．1995.
图6-17　江苏水乡周庄旅游股份有限公司提供
图6-18　江苏水乡周庄旅游股份有限公司提供
图6-19　江苏水乡周庄旅游股份有限公司提供
图6-20　江苏水乡周庄旅游股份有限公司提供
图6-21　江苏水乡周庄旅游股份有限公司提供
图6-22　江苏水乡周庄旅游股份有限公司提供
图6-23　江苏水乡周庄旅游股份有限公司提供
图6-24　江苏水乡周庄旅游股份有限公司提供
图6-25　张仁仁 摄
图6-26　江苏水乡周庄旅游股份有限公司提供
图6-27　江苏水乡周庄旅游股份有限公司提供
图6-28　江苏水乡周庄旅游股份有限公司提供
图6-29　江苏水乡周庄旅游股份有限公司提供
图6-30　江苏水乡周庄旅游股份有限公司提供

第七章插图

图7-1　周海波 摄

图7-2　[清]阎登云.同里志：中国地方志集成乡镇志专辑第12册 [M]．南京：江苏古籍出版社，1992.
图7-3　上海同济城市规划设计研究院．同里古镇保护规划[Z]．2000.
图7-4　张仁仁 摄
图7-5　张仁仁 摄
图7-6　张仁仁 摄
图7-7　张仁仁 摄
图7-8　凌刚强 摄
图7-9　张仁仁 摄
图7-10　张仁仁 摄
图7-11　张仁仁 摄
图7-12　周海波 摄
图7-13　张仁仁 摄
图7-14　张仁仁 摄
图7-15　同里镇人民政府提供
图7-16　张仁仁 摄
图7-17　倪佩清 摄，同里镇人民政府提供
图7-18　张仁仁 摄
图7-19　张仁仁 摄
图7-20　张仁仁 摄
图7-21　同里镇人民政府提供
图7-22　周海波 摄
图7-23　周海波 摄
图7-24　张仁仁 摄
图7-25　张仁仁 摄
图7-26　张仁仁 摄
图7-27　张仁仁 摄
图7-28　张仁仁 摄
图7-29　张仁仁 摄
图7-30　张仁仁 摄
图7-31　张仁仁 摄
图7-32　同里镇人民政府提供
图7-33　张仁仁 摄
图7-34　同里镇人民政府提供
图7-35　倪佩清 摄，同里镇人民政府提供
图7-36　张仁仁 摄
图7-37　张仁仁 摄

第八章插图

图8-1　西塘旅游文化发展有限公司提供
图8-2　上海同济城市规划设计研究院．西塘古镇保护规划[Z]．1999.
图8-3　张仁仁 摄
图8-4　西塘旅游文化发展有限公司提供
图8-5　张仁仁 摄
图8-6　西塘旅游文化发展有限公司提供
图8-7　西塘旅游文化发展有限公司提供
图8-8　张仁仁 摄
图8-9　张仁仁 摄
图8-10　张仁仁 摄
图8-11　林林 摄
图8-12　张仁仁 摄
图8-13　张仁仁 摄
图8-14　张仁仁 摄
图8-15　张仁仁 摄
图8-16　张仁仁 摄
图8-17　张仁仁 摄
图8-18　上海同济城市规划设计研究院．西塘古镇保护规划[Z]．1999.
图8-19　林林 摄
图8-20　张仁仁 摄
图8-21　西塘旅游文化发展有限公司提供
图8-22　西塘旅游文化发展有限公司提供
图8-23　西塘旅游文化发展有限公司提供
图8-24　西塘旅游文化发展有限公司提供
图8-25　西塘旅游文化发展有限公司提供
图8-26　张仁仁 摄
图8-27　张仁仁 摄
图8-28　张仁仁 摄
图8-29　西塘旅游文化发展有限公司提供
图8-30　西塘旅游文化发展有限公司提供
图8-31　西塘旅游文化发展有限公司提供

图8-32　西塘旅游文化发展有限公司提供
图8-33　西塘旅游文化发展有限公司提供
图8-34　西塘旅游文化发展有限公司提供
图8-35　西塘旅游文化发展有限公司提供
图8-36　西塘旅游文化发展有限公司提供
图8-37　西塘旅游文化发展有限公司提供

第九章插图

图9-1　朱家角镇人民政府提供
图9-2　上海同济城市规划设计研究院. 朱家角古镇保护规划[Z]. 2001.
图9-3　张仁仁 摄
图9-4　朱家角古镇旅游发展有限公司提供
图9-5　张仁仁 摄
图9-6　张仁仁 摄
图9-7　张仁仁 摄
图9-8　朱家角古镇旅游发展有限公司提供
图9-9　朱家角古镇旅游发展有限公司提供
图9-10　朱家角古镇旅游发展有限公司提供
图9-11　张仁仁 摄
图9-12　张仁仁 摄
图9-13　张仁仁 摄
图9-14　张仁仁 摄
图9-15　张仁仁 摄
图9-16　张仁仁 摄
图9-17　朱家角古镇旅游发展有限公司提供
图9-18　张仁仁 摄
图9-19　张仁仁 摄
图9-20　张仁仁 摄
图9-21　张仁仁 摄
图9-22　张仁仁 摄
图9-23　朱家角镇人民政府提供
图9-24　朱家角镇人民政府提供
图9-25　张仁仁 摄

第十章插图

图10-1　震泽旅游文化发展有限公司提供
图10-2　上海同济城市规划设计研究院. 震泽古镇保护规划[Z]. 2016.
图10-3　张仁仁 摄
图10-4　邱树新 摄，震泽旅游文化发展有限公司提供
图10-5　震泽旅游文化发展有限公司提供
图10-6　杨林华 摄，震泽旅游文化发展有限公司提供
图10-7　震泽旅游文化发展有限公司提供
图10-8　震泽旅游文化发展有限公司提供
图10-9　震泽旅游文化发展有限公司提供
图10-10　邱树新 摄，震泽旅游文化发展有限公司提供
图10-11　张仁仁 摄
图10-12　张仁仁 摄
图10-13　张仁仁 摄
图10-14　张仁仁 摄
图10-15　张仁仁 摄
图10-16　震泽旅游文化发展有限公司提供
图10-17　震泽旅游文化发展有限公司提供
图10-18　张仁仁 摄
图10-19　震泽旅游文化发展有限公司提供
图10-20　震泽旅游文化发展有限公司提供
图10-21　震泽旅游文化发展有限公司提供
图10-22　震泽旅游文化发展有限公司提供
图10-23　震泽旅游文化发展有限公司提供
图10-24　震泽旅游文化发展有限公司提供
图10-25　张仁仁 摄
图10-26　震泽旅游文化发展有限公司提供
图10-27　震泽旅游文化发展有限公司提供
图10-28　震泽旅游文化发展有限公司提供
图10-29　张仁仁 摄

第十一章插图

图11-1　凌刚强 摄
图11-2　上海同济城市规划设计研究院. 黎里古镇保护规划[Z]. 2012.
图11-3　张仁仁 摄
图11-4　凌刚强 摄
图11-5　张仁仁 摄

图11-6　张仁仁 摄
图11-7　张仁仁 摄
图11-8　凌刚强 摄
图11-9　张仁仁 摄
图11-10　张仁仁 摄
图11-11　凌刚强 摄
图11-12　张仁仁 摄
图11-13　张仁仁 摄
图11-14　张仁仁 摄
图11-15　张仁仁 摄
图11-16　凌刚强 摄
图11-17　凌刚强 摄
图11-18　凌刚强 摄
图11-19　凌刚强 摄
图11-20　凌刚强 摄
图11-21　凌刚强 摄
图11-22　张仁仁 摄
图11-23　张仁仁 摄

关于本书图片来源的说明：

本书为纯学术性著作，其中所引图片，除笔者自绘和注明提供者来源外，主要来自上海同济城市规划设计研究院有限公司相关的规划项目，以及苏州、周庄、同里、西塘、朱家角、震泽、黎里等地方人民政府和文化旅游公司提供的版权图片，在此对所有图片的原作者表示真诚的感谢。

作者 谨上
2020年10月9日

参考文献

[1]《太湖志》编纂委员会．太湖志[M]．北京：中国水利水电出版社，2018.

[2] 谭其骧．中国历史地图集[M]．北京：地图出版社，1982.

[3] 任放．中国市镇的历史研究与方法[M]．北京：商务印书馆，2010.

[4] 陆希刚．明清江南城镇：基于空间观点的整体研究[D]．上海：同济大学，2006.

[5] 樊树志．明清江南市镇探微[M]．上海：复旦大学出版社，1990.

[6] 张英霖．苏州古城地图集[M]．苏州：古吴轩出版社，2004.

[7] 刘石吉．明清时代江南市镇研究[M]．北京：中国社会科学出版社，1987.

[8] 中国历史博物馆，等．盛世滋生图[M]．北京：文物出版社，1986.

[9] 杨莉莉．中国古代土地制度沿革和赋税制度[J]．西部资源，2004，3：46.

[10] 戚阳阳．中国古代户籍制度束缚下的人口流动[J]．哈尔滨师范大学社会科学学报，2015，2：129–131.

[11] 张少云．中国古代人口迁移类型述评[J]．云南教育学院学报，1997，6：86–91.

[12] 李伯重．“人耕十亩”与明清江南农民的经营规模：明清江南农业经济发展特点探讨之五[J]．中国农史，1996，1：1–14.

[13] 顾炎武．日知录：第三辑[M]．上海：上海古籍出版社，2012.

[14] 谢肇淛．五杂俎：卷三[M]．北京：中华书局，1959.

[15] 张廷玉等．明史：食货志[M]．北京：中华书局，1974.

[16] 郑克晟．明代重赋出于政治原因说[J]．南开学报：哲学社会科学版，2001，6：64–72.

[17] 孙景超．潮汐灌溉与江南的水利生态（10–15世纪）[J]．中国历史地理论丛，2009，2：43–52.

[18] 冯贤亮．明末江南的乡绅控制与农村社会：以胥五区为中心[J]．吉林大学社会科学学报，2018，5：140–151.

[19] [明]唐甄．潜书 [M]．北京：中华书局，2009.

[20] 江苏省地方志编纂委员会．江苏省志第20卷：蚕桑

丝绸志[M]．南京：江苏古籍出版社，1999.
[21] 江苏省水利史志编纂委员会等．太湖水利史论文集[G]．1986.
[22] 潘志春．简论十七八世纪江南经济发展模式[J]．决策与信息旬刊，2011，3：116.
[23]《吴江县水利志》编纂委员会．吴江县水利志[M]．南京：河海大学出版社，1996.
[24]《浙江省蚕桑志》编纂委员会．浙江省蚕桑志[M]．杭州：浙江大学出版社，2004.
[25] 范金民．明清江南商业的发展[M]．南京：南京大学出版社，1998.
[26] [清]倪师孟，沈彤．乾隆吴江县志：中国地方志集成江苏府县志辑第20册[M]．南京：江苏古籍出版社，1991.
[27] 廖志豪，程德．清代的苏州城市经济[J]．铁道师院学报(社会科学版)，1995，4：19–22.
[28] 清高宗实录：清实录第10册[M]．北京：中华书局，1985.
[29] 曹允源，李根源．民国吴县志[M]．南京：江苏古籍出版社，1991.
[30] 陈学文．明清时期的苏州商业：兼论封建后期商业资本的作用[J]．苏州大学学报(哲学社会科学版)，1988，2：111–117.
[31] 刘璐．“乡绅”的历史变迁考察[J]．浙江万里学院学报，2017，1：68–71.
[32] 王加华．被结构的时间：农事节律与传统中国乡村民众时间生活[J]．民俗研究，2011，3：65–84.
[33] 孟琳．“香山帮”研究[D]．苏州大学博士学位论文，2013.
[34] 范金民．明清地域商人与江南市镇经济[J]．中国社会经济史研究，2003，4：52–61.
[35] 石琪．吴文化与苏州[M]．上海：同济大学出版社，1992.
[36] 诸汉文．古吴文化探源[M]．苏州：古吴轩出版社，2004.
[37] 王加华．传统江南棉稻区乡村民众之年度时间生活：以上海县为例[J]．民俗研究，2014, 3：37–49.
[38] 谢湜．高乡与低乡：11–16世纪太湖以东的区域结构变迁[M]．北京：三联书店，2015.
[39] 雍振华．江苏民居[M]．北京：中国建筑工业出版社，2009.
[40] 阮仪三．中国江南水乡[M]．上海：同济大学出版社，1995.
[41] 阮仪三，李滇，林林．江南古镇：历史建筑与历史环境的保护[M]．上海：上海人民美术出版社，2000.
[42] 阮仪三．江南古镇[M]．上海：上海画报出版社，2000.
[43] 包伟民．江南市镇及其近代命运：1840–1949[M]．北京：知识出版社，1998.
[44] 段进等．城镇空间解析：太湖流域古镇空间结构与形态[M]．北京：中国建筑工业出版社，2002.
[45] 阮仪三，邵甬，林林．江南水乡城镇的特色、价值及保护[J]．城市规划学刊，2002，1：1–4.
[46] 阮仪三．江南古镇[M]．上海：上海画报出版社，2000.
[47] 上海同济城市规划设计研究院．安昌古镇保护规划[Z]．2003.
[48] 阮仪三．南浔：中国江南水乡古镇[M]．杭州：浙江摄影出版社，2004.
[49] 上海同济城市规划设计研究院．南浔古镇保护规划[Z]，2000.
[50] 上海同济城市规划设计研究院．角直古镇保护规划[Z]，1999.
[51] 阮仪三．乌镇：中国江南水乡古镇[M]．杭州：浙江摄影出版社，2004.
[52] 上海同济城市规划设计研究院．枫泾古镇保护规划[Z]，2016.
[53] 阮仪三．中国江南水乡古镇[M]．杭州：浙江摄影出版社，2004.
[54] 阮仪三．角直：中国江南水乡古镇[M]．杭州：浙江摄影出版社，2004.
[55] 丁俊清，杨新平．浙江民居[M]．北京：中国建筑工业出版社，2009.
[56] 阮仪三．江南六镇[M]．石家庄：河北教育出版社，2002.
[57] 陈从周．苏州旧住宅[M]．上海：上海三联书店，2003.
[58] 徐苏民等．苏州民居[M]．北京：中国建筑工业出

版社，1991.
[59] 苏州市地方志编委会．苏州市志[M]．南京：江苏人民出版社，1995.
[60] 苏州市地方志编纂委员会．苏州市志:1986–2005[M]．南京：江苏凤凰科学技术出版社，2014.
[61] 俞绳方．宋《平江图》与古代苏州城市的规划与布局[J]．中国文化遗产，2016，1：84–92.
[62] 陈泳．古代苏州城市形态演化研究[J]．城市规划汇刊，2002，5：55–60.
[63] 阮仪三，刘浩．姑苏新续：苏州古城的保护与更新[M]．北京：中国建筑工业出版社，2005.
[64]《苏州河道志》编写组．苏州河道志[M]．长春：吉林人民出版社，2007.
[65] 陶纪利．中国历史文化名城苏州[M]．北京：中国铁道出版社，2007.
[66] 苏州市园林管理局．苏州古典园林[M]．上海：上海三联书店，2000.
[67] 苏州规划设计研究院股份有限公司．苏州历史文化名城保护规划[Z]．2013.
[68] 庄春地．中国历史文化名镇周庄[M]．北京：中国铁道出版社，2005：1–70.
[69] 阮仪三．江南古镇周庄[M]．杭州：浙江摄影出版社，2015.
[70]《周庄镇志》编纂委员会．周庄镇志[M]．南京：江苏人民出版社，2013.
[71] 阮仪三．周庄：中国江南水乡古镇[M]．杭州：浙江摄影出版社，2004.
[72] 上海同济城市规划设计研究院．周庄古镇保护规划[Z]．1995.
[73]《同里镇志》编纂委员会．同里镇志[M]．扬州：广陵书社，2007.
[74] [清]阎登云．同里志：中国地方志集成乡镇志专辑第12册 [M]．南京：江苏古籍出版社，1992.
[75] 阮仪三．同里：中国江南水乡古镇[M]．杭州：浙江摄影出版社，2004.
[76] 阮仪三．江南古镇同里[M]．杭州：浙江摄影出版社，2015.
[77] 上海同济城市规划设计研究院．同里古镇保护规划[Z]. 2000.
[78] 刘海明．中国历史文化名镇西塘[M]．北京：中国铁道出版社，2005.
[79]《西塘镇志》编纂委员会．西塘镇志[M]．北京：中华书局，2017.
[80] 阮仪三．西塘：中国江南水乡古镇[M]．杭州：浙江摄影出版社，2004.
[81] 金梅．西塘民间建筑[M]．苏州：古吴轩出版社，2003.
[82] 阮仪三．西塘：中国江南水乡古镇[M]．杭州：浙江摄影出版社，2004.
[83] 上海同济城市规划设计研究院．西塘古镇保护规划[Z]．1999.
[84]《朱家角镇志》编纂委员会．朱家角镇志[M]．上海：上海辞书出版社，2006.
[85] 阮仪三．朱家角：中国江南水乡古镇[M]．杭州：浙江摄影出版社，2004.
[86] 上海市档案馆.上海古镇记忆[M]．上海：东方出版中心，2009：159.
[87] 上海同济城市规划设计研究院．朱家角古镇保护规划[Z]．2001.
[88]《震泽镇志》编纂委员会．黎里镇志[M]．北京：方志出版社，2017.
[89] 震泽镇，吴江市档案局．震泽镇志续稿[M]．扬州：广陵书社，2009.
[90] [清]纪磊，沈眉寿．震泽镇志：中国地方志集成乡镇志专辑第12册[M]．南京：江苏古籍出版社,1992.
[91] 上海同济城市规划设计研究院．震泽古镇保护规划[Z]．2016.
[92]《黎里镇志》编纂委员会．黎里镇志[M]．北京：方志出版社，2017.
[93] 周山南．古镇黎里[M]．苏州：古吴轩出版社，2013.
[94] 李海珉．古镇黎里[M]．北京：中共中央党校出版社，2006.
[95] [清]徐达源．黎里志[M]．扬州：广陵书社，2011.
[96] 上海同济城市规划设计研究院．黎里古镇保护规划[Z]．2012.

索引

后记

江南水乡文化景观是中华民族灿烂文化的见证，是几千年来人类与大自然和谐共生智慧的结晶，被赋予了“水乡泽国”的美誉并传承至今。

在接受中国城市出版社邀请编写“大美中国系列丛书”中关于江南水乡一册的任务后，笔者就一直在思考构思这本书的切入点和体系架构。关于江南水乡研究的著作非常之多，笔者介入江南水乡的研究才二十三年，而且主要关注的是水乡古镇的保护和规划设计，所涉及的领域、深度和时间远远不足以整体全面地阐释江南水乡深厚细腻、广博丰富的价值。因此，决定以文化景观的视角，以展现江南水乡美丽景色为脉络，既结合了笔者研究文化遗产保护的专业，也希望能够契合丛书“大美中国”这个主题。

全书从追溯江南水乡地区地理环境、社会经济和文化传统的演变过程开始，阐述江南水乡地区城镇与乡村的空间景观特征以及地区的文化传统，意图展现江南水乡文化景观形成的整体图景，以期让读者了解今日所见的江南水乡景象其背后的影响因素和动力机制，全面理解其价值的内涵和发展规律。

本书以空间为主线，围绕文化景观的核心问题，上篇从空间格局、城镇肌理、空间景观、建筑类型、生活场所等空间要素出发，系统解析了江南水乡城镇的空间景观特征，并着重从自然环境、生产生活方式、地方文化等方面阐释了江南水乡地区人与自然、人与空间独特的互动互构关系。本书下篇选取了 7 个江南水乡地区的典型城镇，展示了这些城镇各自的特色和共同的共性，包括物质和非物质文化，并重点关注当下这些城镇的保护和发展状况，力图包含各种类型，以作为上篇的实例注释。

本书的顺利出版，在此要感谢责任编辑李鸽和毋婷娴两位老师为本书付出的辛劳！同时还有上海同济城市规划设计研究院有限公司参与本书编写的人员：林林、张恺、张仁仁、汤群群、于莉、王欣然、牛珺婧、徐琳、周丽娜。

本书的编撰参考并引用了大量文献资料，以期尽可能从各个方面展现江南水乡文化景观的价值和特色。限于编者专业背景和水平所限，在引用和转述其他专业文献和相关成果的过程中，定然会有遗漏和错误，敬请广大读者和专家学者批评斧正。

周俭
2021 年 6 月 15 日

参与编写者名单

上卷

第一章　汤群群　周　俭

第二章　汤群群　王欣然　周　俭

第三章　汤群群　王欣然　周　俭

第四章　林　林　周　俭

下卷

第五章　林　林　周　俭

第六章　徐　琳　周　俭

第七章　张　恺　牛珺婧　周　俭

第八章　周丽娜　周　俭

第九章　牛珺婧　周　俭

第十章　于　莉　牛珺婧　周　俭

第十一章　于　莉　牛珺婧　周　俭

图书在版编目（CIP）数据

水乡美境=Image of Jiangnan water town/周俭著．—北京：中国城市出版社，2020.2
（大美中国系列丛书．王贵祥，陈薇主编）
ISBN 978-7-5074-3243-5

Ⅰ．①水…　Ⅱ．①周…　Ⅲ．①乡镇－古建筑－研究－华东地区　Ⅳ．①TU-87

中国版本图书馆CIP数据核字（2019）第280608号

责任编辑：李　鸽　毋婷娴
书籍设计：付金红　李永晶
责任校对：张惠雯

大美中国系列丛书
The Magnificent China Series
王贵祥　陈薇　主编
Edited by WANG Guixiang CHEN Wei
水乡美境
Image of Jiangnan water town
周俭　著
Written by ZHOU Jian
*
中国建筑工业出版社、中国城市出版社出版、发行（北京海淀三里河路9号）
各地新华书店、建筑书店经销
北京方舟正佳图文设计有限公司制版
北京雅昌艺术印刷有限公司印刷
*
开本：787毫米×1092毫米　1/16　印张：18½　字数：327千字
2021年6月第一版　2021年6月第一次印刷
定价：**237.00**元
ISBN 978-7-5074-3243-5
（904228）